TURING 图灵原创

利用ChatGPT进行数据分析

张俊红 ◎ 著

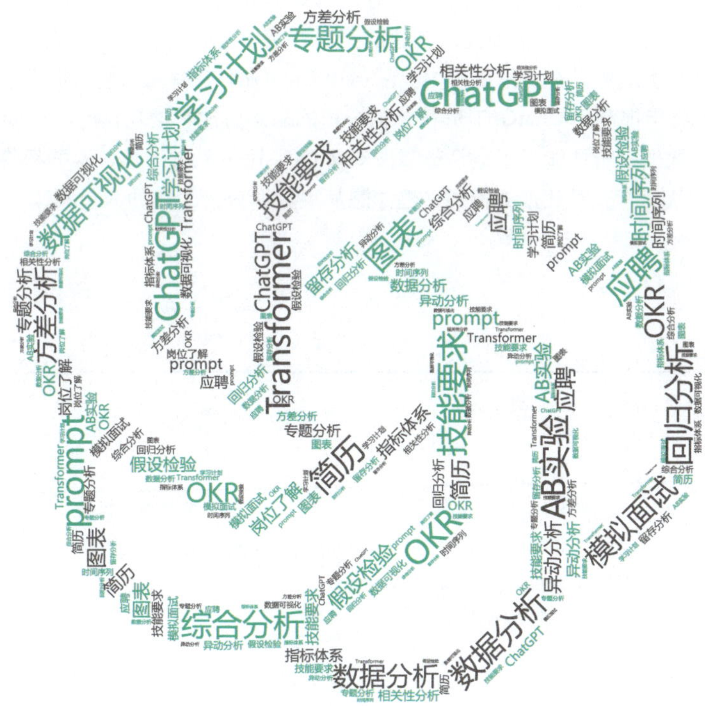

人民邮电出版社
北京

图书在版编目（C I P）数据

利用ChatGPT进行数据分析 / 张俊红著. -- 北京 ：
人民邮电出版社，2023.8
（图灵原创）
ISBN 978-7-115-62022-4

Ⅰ. ①利… Ⅱ. ①张… Ⅲ. ①数据处理 Ⅳ.
①TP274

中国国家版本馆CIP数据核字(2023)第124771号

内 容 提 要

本书以简洁、通俗易懂的语言，详细介绍了如何利用 ChatGPT 来处理和分析数据，不仅为初学者提供了基础知识，也为有经验的数据分析师提供了新的手段。书中包含详细的指导和应用案例，旨在帮助读者从零开始构建数据分析流程，在实际工作中灵活运用 ChatGPT 来解决问题和提升效率。

通过阅读本书，你将掌握利用 ChatGPT 进行数据分析的基本方法和技巧，挖掘 ChatGPT 的巨大潜力。无论你是想扩展和强化数据分析技能，还是希望掌握 ChatGPT 这一先进工具，本书都将是你的理想选择。

本书适合数据分析从业者和对数据分析感兴趣并想从事数据分析工作的人员阅读。

◆ 著　　　　张俊红
　责任编辑　王军花
　责任印制　胡　南
◆ 人民邮电出版社出版发行　　北京市丰台区成寿寺路11号
　邮编 100164　　电子邮件 315@ptpress.com.cn
　网址 https://www.ptpress.com.cn
　北京天宇星印刷厂印刷
◆ 开本：800×1000　1/16
　印张：15　　　　　　　　2023年8月第1版
　字数：315千字　　　　　2024年12月北京第9次印刷

定价：79.80元

读者服务热线：(010)84084456-6009　印装质量热线：(010)81055316
反盗版热线：(010)81055315
广告经营许可证：京东市监广登字 20170147 号

前　言

写作缘由

起初，我对于 ChatGPT 的出现并没有太在意。之前已经有了一些与人工智能相关的机器人，但整体体验并不出色。我认为 ChatGPT 只是对浏览器中的搜索结果进行整理和排序，然后给出一个最佳结果而已。基于这两个原因，我一直没有亲自体验 ChatGPT。然而，一段时间后，ChatGPT 突然变得热门，身边的人都在讨论它，于是我决定亲自尝试一下。在向 ChatGPT 提了几个问题之后，我被它的表现惊艳到了，并且开始感到焦虑，担心有一天自己的工作会被它取代。在短暂的焦虑过后，我决定深入体验一番，希望能够全面了解 ChatGPT 的能力和局限性。经过一段时间的深度使用，我发现了 ChatGPT 在数据分析中的可行和不可行之处。因此，我写作了本书，目的是让大家全面认识 ChatGPT 在数据分析中的应用，以便积极调整自己的能力模型，适应新时代的要求。

内容概述

本书主要介绍了 ChatGPT 在数据分析各个阶段的应用情况。书中内容基本按照数据分析师的职业发展路径展开，涉及岗位了解、技能学习、面试准备、OKR 目标制定、数据处理、数据可视化、常用数据分析方法、专题分析和 A/B 实验等。通过本书，读者将清楚地了解 ChatGPT 在数据分析领域的能力范围和实际用法。

为什么要学习 ChatGPT

ChatGPT 已经变得非常热门，如果你实际体验过，肯定会惊叹于其能力。此外，许多大公司纷纷跟进这一趋势。尽管目前 ChatGPT 尚未普及，但在不久的将来，它必将普及开来，每个人都需要学习如何使用 ChatGPT，就像现在职场人士都需要掌握网络搜索和办公软件一样。

读者对象

1. 数据分析相关从业人员：已经从事数据分析工作或具备相关经验，对利用 ChatGPT 进行数据分析有浓厚的兴趣，希望进一步扩展和强化自己的技能。

2. 应届毕业生或有意转行成为数据分析师的人员：对数据分析行业还不是很了解，希望系统地学习如何利用 ChatGPT 进行数据分析，从而快速上手并提升就业竞争力。

3. 互联网行业相关从业人员：虽然从事其他职业，比如产品运营，但工作中需要具备基础的数据分析能力。

阅读建议

由于数据分析的内容通常较为抽象，不同行业和公司的数据分析师的具体工作内容也有所差异，因此在阅读本书时，不需要死记硬背 ChatGPT 给出的每一个具体结果，而应重点理解 ChatGPT 在不同方面的应用和作用，以及如何灵活运用它。

内容说明

1. 为了不影响阅读体验，本书中将 ChatGPT 给出的内容以文本形式展示，而非截图形式。

2. 由于 ChatGPT 的回答具有一定的随机性，即使对于相同的问题，也可能做出不同的回答，因此，如果你在实践过程中发现所得结果与书中的不一致，也属于正常情况。重要的是理解如何利用 ChatGPT，而不必过于关注细微的差异。

目　录

第 1 章

ChatGPT

作为一本讲述 ChatGPT 相关应用的图书，本书首先简单介绍 ChatGPT 的一些基础知识，包括 ChatGPT 是什么、ChatGPT 的底层核心概念有哪些，以及 ChatGPT 的结果是如何生成的，等等。

1.1 ChatGPT 简介

本节主要介绍 ChatGPT 是什么、其发展情况、其设计目的及应用场景，让大家对 ChatGPT 有大致的认识。

1.1.1 ChatGPT 是什么

ChatGPT 这个名称可以拆解成“Chat + GPT”，Chat 主要是指聊天、对话，而 GPT（Generative Pre-trained Transformer）是一种基于 Transformer 架构的先进的自然语言处理（NLP）模型。GPT 模型采用了预训练和微调的方法，具有强大的文本理解和文本生成能力。通过自注意力机制和深度学习技术，ChatGPT 能够理解复杂的语言结构和上下文关系，从而生成自然、连贯的回复。而 Chat 和 GPT 合在一起就表示基于 GPT 模型的对话系统。

1.1.2 ChatGPT 的发展

ChatGPT 的起源可以追溯到 OpenAI 推出的 GPT 系列模型。自 2018 年发布第一代 GPT 模型以来，OpenAI 不断改进模型架构，扩大模型规模，使其在各种 NLP 任务上的性能显著提升。2021 年，OpenAI 发布了 GPT-3 模型，它拥有 1750 亿个参数，成为当时最大的语言模型之一。截至本书写作之时（2023 年），OpenAI 已经发布了 GPT-4 模型。不同版本的 GPT 因为参数量级的不同以及实现方式的差异，其生成的结果和生成速度也是不同的。

与 ChatGPT 相关的一个概念是**大模型**（large model），它指的是具有大量参数和复杂结构的深度学习模型。GPT-3 模型拥有 1750 亿个参数，注意是 1750 亿，而不是 1750，这个量级的参数可以称作“大量”了。

1.1.3 ChatGPT 的设计目的及应用场景

ChatGPT 被设计用来实现自然、智能的人机对话，为用户提供高质量的问答、建议和文本生成服务。通过不断优化模型，ChatGPT 旨在理解更复杂的对话信息，逐步提高对话质量，以满足不同领域和场景的需求。目前 ChatGPT 的主要应用场景如下。

- 问答系统：根据用户提出的问题，生成准确、详细的答案。
- 文本生成：根据给定的提示或主题，生成语句连贯、自然的文章、故事或其他文本内容。
- 摘要生成：从大量文本中提取关键信息，生成简洁、清晰的摘要。
- 机器翻译：将文本从一种语言翻译成另一种语言，同时保持原文意义和语言风格。
- 情感分析：判断文本的情感倾向，如积极、消极或中立等。
- 代码生成：根据用户的需求生成相应的程序代码。

总之，ChatGPT 具有广阔的应用前景，它为人工智能和自然语言处理领域带来了新的可能性。

1.2 ChatGPT 的底层核心概念

知道了 ChatGPT 是什么以后，还有必要了解 ChatGPT 底层模型涉及的一些核心概念。本节将介绍这些核心概念是如何发挥作用的。

1.2.1 词嵌入

词嵌入是一种将单词或文本转换为数字向量的技术。简单来说，它将自然语言中的词汇转换为计算机可以理解的形式，因为计算机无法直接理解单词或文本。例如，对于句子“The cat is on the mat”，词嵌入技术可以将每个单词转换为一组数字，如下所示：

```
The: [0.2, 0.3, -0.1]
cat: [0.9, -0.5, 0.7]
is: [-0.1, 0.6, 0.2]
```

```
on: [0.3, 0.8, -0.4]
the: [0.2, 0.3, -0.1]
mat: [0.4, -0.7, 0.6]
```

上述示例中，每个单词用 3 个数值表示，可以将其理解成三维空间中对应的 x、y、z 坐标。通过这些坐标，计算机就可以理解和处理每个单词了。

1.2.2 Transformer

Transformer 是一种基于自注意力机制的深度学习模型，由 Vaswani 等人于 2017 年提出。与传统的 RNN 和 LSTM 等循环神经网络相比，Transformer 可以并行处理序列中的所有元素，从而提高计算效率。此外，自注意力机制使得 Transformer 能够捕捉长距离依赖关系，提高模型在处理序列数据时的性能。

Transformer 主要由编码器和解码器两部分组成。下面通过一个简单的例子来理解它们。

假设我们想让计算机将英文翻译成中文，比如将"I love you"翻译成"我爱你"。这个过程可以分为以下两个步骤。

(1) 编码器负责理解输入的英文句子。它会将英文句子转换为一种编码形式，捕捉其中的关键信息和语义关系，并将编码后的信息传递给解码器。

(2) 解码器根据编码器提供的信息，生成对应的中文句子。它会逐个生成中文字词，同时参考编码器提供的信息来确保翻译的准确性。

这里大家可能会有疑问：为什么不直接将输入与输出进行映射呢？借助类似于英汉 / 汉英词典这样的工具，直接将英文输入映射到中文输出，这种做法有什么问题吗？众所周知，一个英文单词往往会对应多个中文意思，在翻译句子时具体应该采用哪个含义，需要根据上下文来确定，直接映射显然不可取。

1.2.3 自注意力机制

自注意力机制（self-attention mechanism）是 Transformer 架构的核心组成部分。它关注序列中不同位置的信息，以便捕捉这些信息之间的关系。它可以帮助模型理解文本中的上下文关系，以及哪些词与其他词之间的关系更重要。

举个例子，在“The girl went to the store and bought some fruits”这个句子中，“girl”和“bought”之间有很强的关联，因为是女孩购买了水果。自注意力机制可以帮助模型发现这种关系，并为模型的理解和结果生成提供帮助。

该机制的大致流程如下。

(1) 输入：模型接收一个单词序列，如“I love playing football.”。
(2) 向量化：每个单词被转换成一个向量表示。这些向量被称为**词嵌入**（word embedding），它们捕捉了单词的语义信息。
(3) 计算权重：模型会计算输入序列中每个单词与其他单词的关联权重。权重越高，表示两个单词之间的关系越密切。这些权重是通过计算单词向量之间的相似性得出的。
(4) 加权和：模型将计算出的权重应用于输入单词的向量表示，生成一个加权和向量。这个加权和向量捕捉了输入序列中所有单词的上下文信息。
(5) 输出：加权和向量被送入后续的网络层进行处理，最终生成模型的输出。

以上是简化版的流程，在实际应用中真正的流程要比这复杂得多，会涉及多层嵌套的问题，这里仅作简单了解即可。

1.2.4 预训练与微调

在 ChatGPT 中，有两个关键的训练阶段：预训练和微调。下面分别介绍。

1. 预训练

预训练阶段是模型训练的第一阶段，也称无监督训练阶段。监督学习和无监督学习是两种常用的机器学习算法。监督学习会给模型一些参考，比如在流失预测模型中，会告诉模型哪些用户是流失用户，哪些不是。无监督学习则不会给模型提供参考，而是让模型自己学习，比如给出一批用户，让模型自己根据这些用户的特征将用户分成几类。

在预训练阶段，GPT 模型会收集现实中的大量文本数据，包括网页、书籍等的内容，然后使用这些数据进行训练，以学习语言的基本结构、语法和语义信息。说得更直白一点，就是让模型学习人类平常是怎么讲话的，不同词的含义是什么，不同词的组合是什么样的。预训练的目的是让模型学会捕捉语言的基本知识和模式，从而为后续的微调提供良好的初始权重。预训练后的模型通常被称为**基础模型**（base model）。

2. 微调

微调阶段是模型训练的第二阶段，也称监督训练阶段。在这个阶段，模型使用特定任务的标注数据进行训练，以学习与任务相关的知识和技能。例如，在对话生成任务中，微调所使用的数据集可能包括一系列的对话样本及相应的回复。对话和回复的内容，就是模型在学习时参考的数据，而在预训练阶段是没有参考数据的。

在微调过程中，基础模型的权重会逐步调整，以适应特定任务的需求。微调可以使模型的学习重点从通用的语言知识转向更具针对性的任务知识，从而提高模型在特定任务上的性能。微调后的模型通常被称为**下游模型**（downstream model）。

总之，ChatGPT 通过两个阶段的训练来实现高水平的文本生成能力。预训练阶段让模型学会通用的语言知识，而微调阶段针对特定任务对模型进行优化。这种训练策略既提高了模型的泛化能力，又保证了其在特定任务上的性能。

1.3 ChatGPT 的结果是如何生成的

大家在被 ChatGPT 的能力所震惊的同时，肯定也好奇它到底是如何生成结果的，其大致过程如下。

(1) 输入处理：首先，将输入文本（如问题、提示等）转换为词汇表中对应的**标记**（token）。对于不同的语言，可能需要不同的词汇表和编码方式。这些标记会被进一步转换成词嵌入向量，用于模型的输入。

(2) 编码器处理：输入向量序列经过编码器的多层 Transformer 结构。在这个过程中，编码器通过自注意力机制来捕捉输入文本中的上下文信息，并生成一个连续的隐藏状态向量序列。

(3) 解码器处理：接下来，解码器根据编码器生成的隐藏状态向量序列，逐个生成输出标记。解码器同样使用多层 Transformer 结构，并采用自注意力机制和编码器 – 解码器注意力机制来捕捉输入和输出之间的关系。在每个时间步，解码器都会输出一个概率分布，表示下一个标记的预测概率。

(4) 采样与生成：在每个时间步，从解码器输出的概率分布中采样一个标记作为生成的下一个词。采样方法有多种，如贪婪采样、随机采样、Top-*k* 采样等。采样过程会持续进行，直到生成特定的结束标记或达到预设的最大长度。

(5) 输出处理：将生成的标记序列转换回文本形式，作为最终输出结果。

ChatGPT 的结果生成过程涉及的底层原理就是 1.2 节介绍过的。通过这个过程，我们能够看到各个核心概念在哪个环节发挥作用。以上展示的只是大致的技术流程。在实际应用中，还需要根据具体的任务和需求进行调整，如使用不同的采样方法、修改模型结构等。

对于非 GPT 开发人员，重点关注第 (3)、第 (4) 步即可。GPT 的结果是一个字（词）一个字（词）生成的，而不是一下子生成的。那具体每一个字（词）是怎么生成的？根据字（词）的概率分布。这个概率分布是模型通过对大量数据集进行学习后得到的。我们来看一个具体的例子。

假设已知第一个字是“你”，第二个字该输出什么呢？通过分析大量的文本数据，可以得到“你”和各个字的组合，比如图 1-1 所示的搜索引擎智能推荐结果中：“你”+“给”（2 次）、“你”+“是”（4 次）、“你”+“好”（1 次）、“你”+“拍”（1 次）、“你”+“的”（2 次）。通过对各种组合进行统计，能够得到“你”后面各个字的概率分布情况。之后我们就可以从这个分布中抽取结果了。

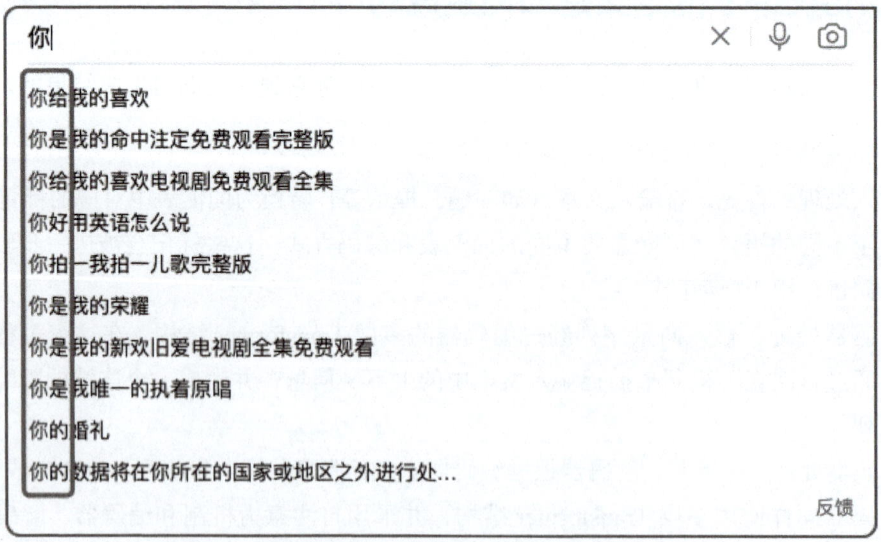

图 1-1 搜索引擎智能推荐结果

那应该如何从这个分布中抽取最终结果呢？答案就是，按照概率随机抽取，概率越大的字被抽中的可能性越大；但因为是随机抽取，所以结果不一定是概率最大的字。为什么要这样做，而不是直接用概率最大的字作为最终结果，这主要是为了保证结果的多样性。但这么做有一个弊端，就是同样的问题得到的结果可能不一样，因为无法保证每次随机抽取的结果都一样。

另外需要注意一点，ChatGPT 的结果是根据字（词）的概率分布生成的，而不是直接通过搜索引擎得到的，所以生成结果的准确性无法保证，需要人工进行判断。

1.4 如何提出一个好的 prompt

在使用 ChatGPT 时，能否得到一个好的输出结果，关键在于能否提出好的 prompt。本节介绍如何向 ChatGPT 提出好的 prompt。

1.4.1 prompt 是什么

现在大家把向 ChatGPT 输入的内容称作 prompt（提示），它的作用是引导模型理解你的任务或要求。prompt 可以是一个简单的问题、一个任务描述或者一个指令。一个好的 prompt 能帮助 ChatGPT 更准确地理解你的意图，从而生成令人满意的回答或完成特定任务。

1.4.2 如何提出一个有效的 prompt

如何提出一个有效的 prompt？这个问题等同于“一个有效的 prompt 需要满足哪些条件”。其实你可以把 ChatGPT 当作私人助理。如果你要给助理指派一个任务，那么对这个任务的描述需要满足什么条件，你的助理才能完全明白他需要干什么？

根据经验可得，一个有效的 prompt 需要满足以下几点要求。

- 明确目标：在提问之前，要清楚自己想获得什么信息或完成什么任务。这可以帮助你有针对性地提出问题，进而提高得到准确回答的概率。
- 提供足够的上下文信息：为了让 ChatGPT 更好地理解你的问题或任务，可以提供一定的上下文信息。这可能包括你希望解决的问题的背景、所需答案的类型等。这有助于 ChatGPT 生成更符合需求的回答。
- 使用简洁、清晰的语言：避免使用模糊、冗长或复杂的措辞。简单易懂的表述有助于 ChatGPT 更准确地理解你的需求，从而生成更贴切的回答。

根据上述三点要求，我们来看一些好的 prompt 和不好的 prompt，以增强感受。

(1) 明确目标

- 好的 prompt：请列举三种数据清洗技巧。
- 不好的 prompt：告诉我一些数据处理的方法。

(2) 提供足够的上下文信息

- 好的 prompt ：当处理缺失数据时，插补方法和删除方法各有哪些优缺点？
- 不好的 prompt ：缺失数据如何处理？

(3) 使用简洁、清晰的语言

- 好的 prompt：请解释线性回归模型的基本原理。
- 不好的 prompt：能不能给我讲讲那个线性回归啥的，就是数据分析里用到的那个？

在上述例子中，好的 prompt 提供了明确的目标、足够的上下文信息，并使用了简洁、清晰的语言；而不好的 prompt 可能语义模糊或表述不清，导致模型无法准确理解需求。除了上述三点要求以外，还有一个比较好用的技巧——“角色指定”，就是在 prompt 的开始，让 ChatGPT 扮演某种角色，比如：

- 假如你是一名资深的数据分析师，请列举三种数据清洗技巧；
- 假如你是一名资深的面试官，请针对我的数据分析师求职简历给出修改建议。

根据经验，角色指定能够让 ChatGPT 的回答更加专业。

1.4.3 如何调整、优化 prompt 以获得更好的输出

根据前面的三点要求，我们能够提出还算不错的 prompt，但有的时候输出结果还是不及预期。这时我们可以尝试通过调整 prompt 来获得更好的输出结果。常见的调整、优化方法有以下两种。

- 添加限制条件：在某些情况下，你可能希望限制模型的输出范围。可以在 prompt 中添加限制条件，如指定回答的长度、格式或内容类型。
- 逐步细化问题：如果你对 ChatGPT 的回答不满意，可以尝试逐步细化问题。通过要求提供更多细节、限定范围或询问更具体的问题，来引导 ChatGPT 生成更精确的回答。

比如在图 1-2 中，我让 ChatGPT 帮忙生成 5 行电商销售明细样例数据，它直接以文本的形

式返回结果，而这不利于我在下一步使用。

NA 请给我生成5行电商销售明细样例数据。

以下是5行电商销售明细样例数据：

1. 2023-04-29,订单号：100001,客户ID：C001,产品ID：P101,产品名称：智能手机,数量：1,单价：500,总价：500
2. 2023-04-29,订单号：100002,客户ID：C002,产品ID：P102,产品名称：蓝牙耳机,数量：3,单价：80,总价：240
3. 2023-04-29,订单号：100003,客户ID：C003,产品ID：P103,产品名称：笔记本电脑,数量：1,单价：1000,总价：1000
4. 2023-04-29,订单号：100004,客户ID：C004,产品ID：P104,产品名称：平板电脑,数量：2,单价：300,总价：600
5. 2023-04-29,订单号：100005,客户ID：C005,产品ID：P105,产品名称：智能手表,数量：1,单价：200,总价：200

这些数据包括订单日期、订单号、客户ID、产品ID、产品名称、购买数量、单价和总价。请注意，这些数据仅作为样例，实际应用中需要根据您的实际业务需求生成相应数据。

图 1-2 ChatGPT 生成的 5 行电商销售明细样例数据

通过增加限制条件，让其以 Markdown 形式输出结果，就符合我的需求了，具体如图 1-3 所示。

NA 请给我生成5行电商销售明细样例数据，以Markdown形式输出。

以下是5行电商销售明细样例数据，以Markdown形式输出：

日期	订单号	客户ID	产品ID	产品名称	数量	单价	总价
2023-04-29	100001	C001	P101	智能手机	1	500	500
2023-04-29	100002	C002	P102	蓝牙耳机	3	80	240
2023-04-29	100003	C003	P103	笔记本电脑	1	1000	1000
2023-04-29	100004	C004	P104	平板电脑	2	300	600
2023-04-29	100005	C005	P105	智能手表	1	200	200

这些数据包括订单日期、订单号、客户ID、产品ID、产品名称、购买数量、单价和总价。请注意，这些数据仅作为样例，实际应用中需要根据您的实际业务需求生成相应数据。

图 1-3 Markdown 形式的输出结果

再比如问 ChatGPT：为什么数据分析很重要？我们的本意是想知道为什么数据分析在企业中很重要，但是 ChatGPT 未必能理解我们真实的意图。可以将 prompt 调整为：请列举数据分析在商业决策中的三个关键作用。这样的 prompt 就比较具体了。

还有一点很重要，那就是 ChatGPT 有时给出的结果是错误的。如果大家发现了错误，一定要明确指出，直接把错误内容发送给 ChatGPT 即可，它会就此给出新的答案，如图 1-4 所示。需要注意的是，它再次给出的答案仍有可能是错误的，我们一定要仔细查看。

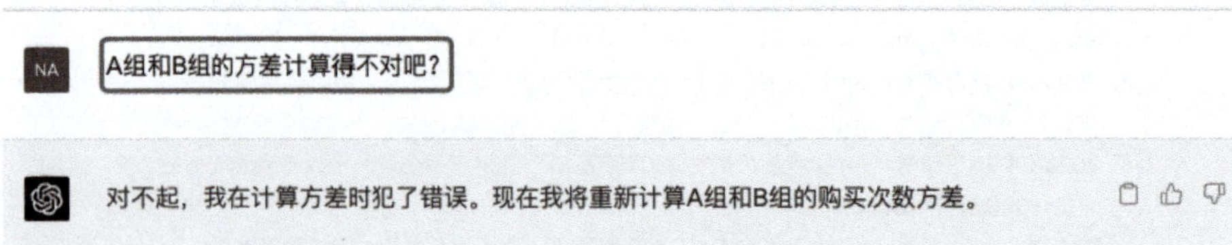

图 1-4 给 ChatGPT 指出错误

1.4.4 针对不同任务类型的 prompt 示例

ChatGPT 可以完成不同类型的任务。对于不同的任务，prompt 也会稍有不同。以下是一些示例。

- 问答式任务：数据分析中假设检验的基本原理是什么？
- 文本生成任务：请帮我构建一个关于用户留存专题分析的框架。
- 文本摘要任务：为了让模型对一篇文章或文档进行总结，可以这样输入——请为这篇文章生成一段简短的摘要。
- 文本翻译任务：如果要将一段文本翻译成另一种语言，可以这样输入——请将这句英文翻译成中文，“The quick brown fox jumps over the lazy dog.”。

通过上面的示例，能够看出不同类型任务的 prompt 措辞不太一样，使用时需要稍加注意。

至此，我们对 ChatGPT 是什么、其底层原理是什么、其结果是如何生成的，以及如何提出一个好的 prompt 有了基本的了解。接下来进入具体的应用环节。

第 2 章

ChatGPT 在数据分析岗位了解阶段的应用

当我们决定是否从事某个工作之前，首先需要对这个工作岗位进行全面的了解，主要包括这个岗位具体是做什么的、对技能有什么要求、日常的工作流程是什么样的、职业发展路径是什么样的，等等。要想了解清楚这些内容，要么上网逐个问题进行搜索，然后自己总结，要么通过询问一些资深的从业人员获得答案。然而这两种方式都有一定难度，现在我们可以直接询问 ChatGPT。

2.1 数据分析师的职责与技能要求

如果想成为数据分析师，首先要了解这个岗位的具体职责和技能要求。这个问题可以直接询问 ChatGPT：

数据分析师的职责与技能要求分别有哪些？回答要尽可能详细。

ChatGPT 收到上述内容后，返回如下结果。

数据分析师负责收集、处理、分析数据，为企业提供有关业务决策和战略制定的见解与建议。他们还需要与其他部门和团队成员密切合作，以便更好地理解公司的需求和目标。

职责

1. 数据收集：从内部和外部数据源收集原始数据，以供进一步分析。
2. 数据清洗：处理缺失值、异常值、重复值等，确保数据质量。
3. 数据整合：将来自不同来源的数据整合到一起，以便于分析。
4. 数据分析：运用统计学、机器学习、预测建模等技术对数据进行深入分析，挖掘数据背后的规律和趋势。

5. 数据可视化：通过图表、报告等形式呈现分析结果，以便于理解和传达。
6. 商业洞察：基于数据分析结果，为企业提供对于关键绩效指标（KPI）的见解和优化建议。
7. 跨部门沟通：与其他部门和团队成员密切合作，以便更好地理解公司的需求和目标。
8. 持续改进：关注业界动态，学习新技术和方法，以提升数据分析效果。

技能要求

1. 数学与统计学基础：掌握基本的数学和统计学概念，如概率论、线性代数、假设检验等。
2. 编程能力：熟练掌握至少一种编程语言，如 Python、R 等，以便进行数据处理和分析。
3. 数据处理工具：熟练使用数据处理和分析工具，如 Excel、pandas、NumPy、SciPy 等。
4. 数据库管理：了解常见的数据库管理系统，如 MySQL、PostgreSQL、MongoDB 等，并能进行基本的数据库操作。
5. 机器学习与数据挖掘：熟悉常用的机器学习和数据挖掘算法，如回归分析、决策树、聚类分析、关联规则挖掘等。
6. 数据可视化：熟练使用数据可视化工具和库，如 Tableau、Power BI、matplotlib、seaborn 等，以清晰地呈现分析结果。
7. 商业敏感度：具备基本的商业理解和行业知识，能将数据分析结果应用于实际业务场景。
8. 沟通与表达能力：能够有效地与团队成员、上级和其他部门沟通，清晰地传达数据分析结果和提供建议。
9. 项目管理：具备一定的项目管理能力，能按时按质完成数据分析项目。
10. 逻辑思维能力：具备较强的逻辑思维能力，能从大量数据中挖掘有价值的信息和规律。
11. 自主学习能力：具备良好的自学能力，能够不断学习新技能、新方法，跟上数据分析领域的发展。
12. 团队协作：擅长与不同背景的团队成员协作，共同解决问题和达成目标。

总的来说，数据分析师需要具备扎实的数学和统计学基础，掌握编程、数据处理、机器学习、数据可视化等技能，同时具备商业敏感度、沟通与表达能力以及团队协作精神。通过不断学习和实践，数据分析师可以为企业提供有价值的数据洞察，为业务决策和战略制定提供依据。

ChatGPT 给出的信息比较全面，涵盖了数据分析师工作中涉及的点。将工作职责进行一定的提炼后可知，数据分析师主要负责对数据进行收集、整合和处理，对处理后的数据展开分析，将分析结果可视化，并能够基于分析结果提供一些业务（商业）洞察，这个过程涉及跨部门沟通的问题。关于技能要求，ChatGPT 不仅列出了工具使用方面的要求（编程能力、数据处理、数据库管理、数据可视化）、理论方面的要求（数学与统计学、机器学习与数据挖掘），还有一些偏底层素质方面的要求（商业敏感度、沟通与表达能力、自主学习能力等），这些是容易忽略又比较重要的。

2.2 数据分析师的日常工作流程与挑战

了解完数据分析师的工作职责与技能要求以后，我们可以进一步了解数据分析师的日常工作流程是什么样的，以及会遇到哪些挑战。这些问题也可以直接问 ChatGPT。

数据分析师的日常工作流程具体是什么样的？在这个过程中都有哪些挑战？

ChatGPT 收到上述内容后，返回如下结果。

数据分析师的日常工作流程通常包括以下几个阶段，每个阶段都有一定的挑战。

1. 明确需求：与业务部门或项目负责人沟通，了解项目背景、目标和需求。挑战在于准确理解需求，将其转化为可操作的数据分析任务。
2. 数据收集：从内部和外部数据源收集原始数据。挑战包括寻找合适的数据源，大量数据的获取和存储，以及处理数据隐私和合规性问题。
3. 数据清洗：处理缺失值、异常值、重复值等，确保数据质量。挑战在于识别和处理各种数据质量问题，同时确保数据处理过程不引入新的错误。
4. 数据整合：将来自不同来源的数据整合到一起，以便于分析。挑战包括处理不同数据结构和格式的兼容问题，以及解决数据整合过程中可能出现的冲突和不一致。
5. 数据分析：运用统计学、机器学习、预测建模等技术对数据进行深入分析，挖掘数据背后的规律和趋势。挑战在于选择合适的分析方法和技术，避免过拟合和欠拟合等问题，同时确保分析结果的准确性和可靠性。
6. 数据可视化：通过图表、报告等形式呈现分析结果，以便于理解和传达。挑战包括选择合适的可视化工具和形式，以及设计直观、清晰、易于理解的图表和报告。

7. 结果呈现和解释：将分析结果和建议向业务部门或项目负责人进行汇报和解释。挑战在于将复杂的数据分析结果用简洁明了的语言传达给非技术人员，以及提供有价值的业务建议。
8. 优化和迭代：根据反馈优化数据分析过程和结果，持续改进分析方法和模型。挑战在于不断学习新技术和方法，跟上数据分析领域的发展趋势，以提升分析效果和创新能力。

在日常工作中，数据分析师需要面对各种挑战，包括技术问题、沟通问题和业务问题等。通过不断学习和实践，数据分析师可以提高自身的技能和能力，更好地应对这些挑战。

ChatGPT 给出的数据分析师日常工作流程和挑战与前述工作职责有点类似。这也是正常的，毕竟日常工作是由工作职责展开的，相比工作职责多出来的两点是明确需求、结果呈现和解释。我们在解决一个需求时，第一步就是与业务方进行充分的沟通，了解清楚业务真正的要求。整个分析做完以后，我们要把分析逻辑和结果准确地展示给业务方，让分析价值尽可能得到充分利用。

2.3 数据分析师的职业发展路径

了解完数据分析师的工作职责、技能要求以及日常的工作流程与挑战以后，我们可能还对职业发展路径比较感兴趣，它决定了我们今后的职业方向以及职业天花板。这个问题也可以直接问 ChatGPT。

数据分析师的职业发展路径有哪些?

ChatGPT 收到上述内容后，返回如下结果。

数据分析师的职业发展路径丰富多样，以下是一些常见的发展方向。

1. 高级数据分析师：在具备一定经验和技能后，初级数据分析师可以晋升为高级数据分析师。高级数据分析师通常负责更复杂的分析项目，指导初级数据分析师，并参与制定数据分析战略。

2. 数据科学家：数据科学家是数据分析师的一个自然进阶方向。数据科学家在数据分析师的基础上，更深入地掌握机器学习、人工智能、深度学习等领域的知识和技能，能够解决更复杂的业务问题。
3. 业务分析师：业务分析师关注企业的业务流程、需求和战略，通过分析数据和与各部门沟通，为业务部门提供决策支持。数据分析师可以通过加强对特定行业的了解和提高商业敏感度，转型为业务分析师。
4. 数据工程师：数据工程师负责数据的采集、存储、处理和传输等技术层面的工作。数据分析师可以通过学习大数据技术、数据库管理系统等知识，转型为数据工程师。
5. 数据可视化专家：数据可视化专家专注于将数据分析结果以直观、易于理解的方式呈现出来。熟练掌握各种数据可视化工具和设计原则之后，数据分析师可以成为数据可视化专家。
6. 数据产品经理：数据产品经理负责规划和设计基于数据的产品与服务，如数据报告、数据驱动的应用等。数据分析师可以通过加强产品设计、项目管理等方面的能力，转型为数据产品经理。
7. 数据分析顾问 / 咨询师：数据分析顾问为不同的行业和企业提供数据分析相关的咨询和解决方案。具备丰富经验和跨行业知识的数据分析师可以选择成为数据分析顾问或加入咨询公司。
8. 数据分析团队管理者：在具备足够的经验和技能后，数据分析师可以晋升为数据分析团队的主管或经理，负责整个团队的管理和发展。

在职业发展过程中，数据分析师需要不断学习新知识、技能和方法，跟上数据分析领域的发展趋势，从而在不同的职业路径中取得成功。

ChatGPT 给出的这些发展方向比较分散，更多体现的是这个职业发展的多种可能：既可以从初级数据分析师晋升为高级数据分析师或数据分析团队管理者，也可以转型为数据工程师或者数据产品经理。而我们在从事一个职业时，往往希望能在这个方向一直深耕下去，所以我们可以换个问题继续问 ChatGPT。

数据分析师的晋升路径是什么样的？每个阶段的核心要求是什么？

ChatGPT 收到上述内容后，返回如下结果。

数据分析师的晋升路径通常可以分为以下几个阶段，每个阶段的核心要求如下。

1. 初级数据分析师（junior data analyst）：
   核心要求：具备基本的数据处理、数据分析、数据统计和编程技能，能够完成简单的数据分析任务。通常需要熟悉 Excel、SQL 和至少一种编程语言（如 Python 或 R）。在此阶段，数据分析师需要学习和积累经验，逐渐熟悉业务和行业知识。

2. 中级数据分析师（data analyst）：
   核心要求：具备较丰富的数据分析经验和技能，能独立完成较复杂的数据分析项目。此外，需要具备一定的业务理解力和商业敏感度，能够将数据分析结果应用于实际业务场景。在此阶段，数据分析师需要加强与其他部门的沟通和协作，以提高分析结果的应用价值。

3. 高级数据分析师（senior data analyst）：
   核心要求：具备丰富的数据分析经验和高级技能，能够处理大规模数据和复杂的业务问题。此外，需要具备较强的沟通和协作能力，能指导初级和中级数据分析师完成任务。在此阶段，数据分析师需要关注行业动态，学习新技术和方法，以提升数据分析效果和创新能力。

4. 数据分析主管 / 经理（data analytics manager）：
   核心要求：在数据分析技能的基础上，具备团队管理和项目管理能力，能够指导和监督整个数据分析团队完成项目。此外，需要具备较强的战略思维和决策能力，为企业提供数据驱动的战略建议。在此阶段，数据分析师需要加强领导力和人际关系管理能力，以提升团队的整体绩效。

在晋升过程中，数据分析师需要不断提升自身的技能和能力，逐步积累业务知识和行业经验。同时，还要注重沟通、团队协作和领导力等软技能的培养，以顺利晋升到更高的职位。

很明显，从晋升路径角度给出的结果就比较系统化，围绕数据分析这条主线，从初级到中级、高级，最后晋升到数据分析经理。这里也列出了每个阶段的核心要求。上述发展路径和现实中的发展路径比较吻合。

2.4 数据分析的应用领域与行业

通过前面的问答，我们对数据分析师的工作职责、技能要求、工作流程、挑战、发展路径都比较熟悉了，此时可能还想了解哪些行业需要这个岗位。这个问题也可以直接问 ChatGPT。

哪些行业会用到数据分析？请给出一些例子说明。

ChatGPT 收到上述内容后，返回如下结果。

数据分析在各个行业都有广泛的应用，以下是一些常见的行业举例。

1. 金融：金融行业的数据量巨大，包括股票、债券、外汇等交易数据，以及客户信息、信贷记录等。数据分析可以用于风险管理、投资策略制定、客户关系管理等方面，例如预测股票价格走势、评估信用风险、进行市场细分等。
2. 电子商务：电商平台可以收集到用户的购物行为、搜索历史、页面浏览等数据。数据分析可以用于个性化推荐、库存管理、定价策略等方面，例如为用户推荐合适的商品、优化物流配送、策划促销活动等。
3. 医疗健康：医疗健康行业的数据包括电子病历、医学影像、基因数据等。数据分析可以用于疾病诊断、治疗方案制定、研究发现等方面，例如利用人工智能辅助诊断疾病、预测疾病风险、发现新药物等。
4. 传媒与娱乐：传媒与娱乐行业的数据包括用户观看历史、评论、点击率等。数据分析可以用于内容创作、推荐系统、广告投放等方面，例如预测电影票房、为用户推荐感兴趣的内容、制定广告投放策略等。
5. 旅游与酒店：旅游与酒店行业的数据包括客户预订记录、评价、旅行行为等。数据分析可以用于价格优化、客户关系管理、营销策略等方面，例如制定旅游套餐、优化酒店定价、进行市场细分等。
6. 零售：零售行业的数据包括销售记录、库存信息、顾客行为等。数据分析可以用于库存管理、市场细分、产品推荐等方面，例如预测产品需求、制定销售策略、提高顾客满意度等。

7. 制造业：制造业的数据包括生产过程中的各种数据，如设备运行状况、质量检测结果等。数据分析可以用于生产优化、质量控制、供应链管理等方面，例如预测设备故障、监测产品质量、优化原材料采购等。
8. 交通物流：交通物流行业的数据包括运输方式、路线、货物信息、交通状况等。数据分析可以用于优化路线规划、实时监控、运输成本控制等方面，例如为货车规划最佳路线、预测交通拥堵、降低运输成本等。
9. 教育：教育行业的数据包括学生成绩、课程反馈、在线学习行为等。数据分析可以用于课程设计、教学效果评估、个性化学习等方面，例如分析学生的学习进度、优化课程内容、为学生推荐合适的学习资源等。
10. 能源与环境：能源与环境行业的数据包括能源消耗、废物排放、气候监测等。数据分析可以用于能源管理、环境监测、政策制定等方面，例如预测能源需求、监测空气质量、制定节能政策等。
11. 人力资源：人力资源行业的数据包括员工信息、绩效评估、招聘数据等。数据分析可以用于招聘策略、员工培训、福利制度等方面，例如筛选合适的候选人、评估员工绩效、制定薪酬策略等。
12. 市场营销：市场营销行业的数据包括消费者行为、广告投放效果、竞争对手信息等。数据分析可以用于市场细分、营销策略、效果评估等方面，例如识别目标客户群、策划营销活动、评估广告效果等。

这些仅仅是一些例子，实际上，数据分析可以应用于更多的行业和领域。随着大数据技术的发展，数据分析在各行各业的应用将更加广泛和深入。

2.5 数据分析师岗位的地域分布

我们也可以利用 ChatGPT 来分析一个岗位在哪些城市机会比较多，只需发送如下内容给 ChatGPT 即可。

如果想从事数据分析工作，在中国的哪些城市机会比较多?

ChatGPT 收到上述内容后，返回如下结果。

在中国，从事数据分析的人员可以选择的城市有很多。以下是几个就业前景较好的城市。

1. 北京：作为国家的政治、经济、科技和教育中心，北京拥有众多互联网、金融、科技等领域的企业，对数据分析人才的需求较大。
2. 上海：上海是国际化大都市，拥有很多金融、科技、零售等行业的公司，这些企业对数据分析人才有较大的需求。
3. 深圳：深圳作为中国的科技创新中心，有很多科技、互联网公司，对数据分析人才的需求也很旺盛。
4. 杭州：阿里巴巴等互联网巨头的所在地，杭州已经成为一座互联网创新创业城市，对数据分析人才有很大的需求。
5. 广州：广州作为华南地区的经济中心，有很多金融、贸易、零售等企业，这些企业对数据分析人才的需求较大。
6. 成都：作为西南地区的经济、科技和文化中心，成都拥有一定数量的企业，对数据分析人才有一定的需求。

除了以上提到的城市，还有许多城市也逐渐对数据分析人才有了需求。选择城市时，可以综合考虑个人兴趣、发展前景、生活成本等因素，选择最适合自己的城市。

可以看到，ChatGPT 给出的结果比较符合现状。其实不仅是数据分析师这个岗位，互联网相关岗位也主要集中在北上广深 + 杭州 + 成都。北上广深虽然机会多，但是压力也更大。现在大家普遍追求工作和生活的平衡，我们也可以问问 ChatGPT，在哪些城市可以实现工作和生活相平衡。

从工作和生活平衡的角度来看，哪些城市比较适合数据分析师?

ChatGPT 收到上述内容后，返回如下结果。

从工作和生活平衡的角度看，以下几个城市可能比较适合数据分析师。

1. 杭州：作为互联网创新创业城市，杭州有很多互联网企业，对数据分析师的需求较大。同时，杭州的自然环境优美，生活节奏相对较慢，有利于工作和生活平衡。

2. 成都：成都作为西南地区的经济、科技和文化中心，对数据分析师有一定需求；而且成都有着宜人的气候、悠闲的生活节奏以及丰富的美食，对于追求工作和生活平衡的数据分析师来说是个不错的选择。
3. 南京：南京作为新一线城市，有一定的企业对数据分析师有需求，同时城市环境优美，文化底蕴丰厚，生活节奏适中，有利于工作和生活平衡。
4. 苏州：苏州作为长三角地区的一部分，有很多企业对数据分析师有需求。苏州具有独特的江南水乡风貌，生活节奏相对较慢，有利于工作和生活平衡。
5. 厦门：厦门作为一个沿海城市，对数据分析师有着较多需求。厦门有着优美的自然环境、温暖的气候以及较慢的生活节奏，有利于工作和生活平衡。
6. 青岛：青岛作为一个沿海城市，对数据分析师有一定的需求。青岛具有美丽的海滨风光、宜人的气候和相对较慢的生活节奏，有利于工作和生活平衡。

总的来说，二线及新一线城市往往在工作机会和生活压力之间达到较好的平衡。你可以根据自己的喜好和需求，在这些城市中进行选择。

ChatGPT 列出的这些城市和我们日常的感知差不多。

至此，我们利用 ChatGPT 了解了数据分析师的工作职责、技能要求、工作流程、挑战以及发展路径等，对这个岗位有了比较全面的认识。虽然在职业发展路径方面，ChatGPT 初次给出的结果不是很符合预期，但经过调整以后还是给出了不错的答案。

第 3章

ChatGPT 在数据分析学习阶段的应用

在明确了想要从事数据分析工作之后，接下来就进入具体的学习阶段了。在这个阶段，核心是三件事：制订学习计划、确定学习资料以及学习策略。我们可以自己完成这几件事，当然，也可以借助 ChatGPT 来高效地达到目的。

3.1 制订学习计划

学习阶段的第一件事是制订学习计划，这样我们在学习过程中就不会迷失方向。如果没有计划，三天打鱼，两天晒网，知识就不成体系，掌握得也不牢固，整体学习效率比较低。所以，拥有一份完整的学习计划是很有必要的。

3.1.1 了解数据分析基本知识

制订学习计划时，先要明确具体需要学什么，也就是了解数据分析相关的基本知识。可以发送如下内容给 ChatGPT。

> 作为一名零基础人员，想要成为数据分析师，具体应该学习什么知识?

ChatGPT 收到上述内容后，返回如下结果。

> 作为一名零基础人员，想要转行成为数据分析师，可以按照以下步骤学习相关知识。
>
> 1. 学习基础数学和统计学：数据分析师需要具备一定的数学和统计学基础，包括概率论、线性代数、微积分、描述性统计、推断统计等。学习这些知识有助于理解数据

分析方法的原理和逻辑。

2. 学习编程语言：熟练掌握至少一种编程语言，如 Python 或 R，这是进行数据处理、分析和可视化的基础。对于初学者，Python 通常是一个较好的选择，因为它易学且功能强大。
3. 学习数据处理与清洗：学会使用编程语言进行数据处理、清洗和整合。熟悉常用的数据处理库，如 Python 的 pandas 和 NumPy。掌握基本的数据清洗方法，如处理缺失值、异常值和重复值等。
4. 学习数据库与 SQL：学习关系型数据库（如 MySQL、PostgreSQL 等）的基本概念和原理，掌握 SQL（结构化查询语言）的基本语法和用法，用于从数据库中查询和处理数据。
5. 学习数据分析方法和技术：掌握常用的数据分析方法和技术，如探索性数据分析、假设检验、回归分析、聚类分析、主成分分析等。了解机器学习的基本概念和方法，如分类、回归、聚类等。
6. 学习数据可视化：学会使用编程语言或工具进行数据可视化，如 Python 的 matplotlib、seaborn，或者商业工具，如 Tableau。熟悉常见的图表类型及其适用场景，如柱状图、折线图、散点图等。
7. 学习业务知识：了解数据分析在不同行业和领域的应用，积累业务知识和行业经验。学会将数据分析结果应用于实际业务问题，为企业提供数据驱动的决策支持。
8. 提高沟通与报告能力：学会用简洁明了的语言向非技术人员呈现和解释数据分析结果，提高数据可视化报告相关的表达能力。加强与其他部门的沟通和协作，提高分析结果的应用价值。

建议从基础知识开始学习，逐步深入到高级技术。同时，可以参加线上或线下的培训课程、阅读相关书籍、参加实战项目以提高自己的实际操作能力。在学习过程中，积累实际案例和项目经验至关重要，可以通过参加数据分析比赛、为非营利组织提供数据分析服务或在工作中主动承担数据分析任务等方式来积累实践经验。

ChatGPT 给出的学习建议比较全面，涵盖了工具（编程语言和数据库）、基础理论（统计学、常用数据分析方法和技术）和业务知识（对特定行业的业务理解），在实际学习的过程中可以参考这些内容。

3.1.2 确定学习目标和时间表

了解了具体要学习什么知识以后，就可以制定学习目标，也就是要学到什么程度，以及不同内容需要学习多长时间。这些问题也可以直接问 ChatGPT。

> 上述各项内容，每项需要学到什么程度，以及达到该程度需要用多久?

ChatGPT 收到上述内容后，返回如下结果。

对于上述各项内容，学习深入程度和用时因个人基础、学习能力、精力投入等因素而异。以下是大致的估计，仅供参考。

1. 基础数学和统计学：需要掌握基本的概念和原理，能够理解并应用统计方法。预计学习时间：1~2 个月。
2. 编程语言（如 Python 或 R）：需要熟练掌握语法、数据结构、控制结构等基本知识，能够编写简单的数据处理和分析程序。预计学习时间：1~2 个月。
3. 数据处理与清洗：需要熟练使用数据处理库（如 pandas 和 NumPy），能够独立完成常见的数据清洗和整合任务。预计学习时间：1 个月。
4. 数据库与 SQL：需要掌握关系型数据库的基本概念和原理，熟练编写 SQL 语句进行数据查询和处理。预计学习时间：1 个月。
5. 数据分析方法和技术：需要了解各种数据分析方法的原理和应用场景，能够根据实际问题选择合适的方法进行分析。预计学习时间：2~3 个月。
6. 数据可视化：需要熟练掌握至少一种数据可视化库或工具，能够根据分析结果制作合适的图表和报告。预计学习时间：1 个月。
7. 业务知识：这方面的学习是一个持续的过程，需要在实际工作中不断积累和总结。初步了解常见行业的数据分析应用和场景，预计学习时间：1~2 个月。
8. 沟通与报告能力：同样是一个持续的过程，需要在实际工作中多加实践。学会用简洁明了的语言向非技术人员解释数据分析结果，预计学习时间：1~2 个月。

综上所述，从零基础到具有一定水平的数据分析师，预计需要 6~12 个月的学习时间。请注意，这些估计时间仅供参考，实际情况可能因个人差异而有所不同。要想成为一名优秀的数据分析师，需要不断学习、实践和积累经验。

ChatGPT 说得没错，学到什么程度、需要用多久，因人而异，其回答仅可作为大概的参考。关于业务知识、沟通与报告能力的学习，ChatGPT 回答得比较不错，它认为这是一个持续的过程。不像其他工具，核心知识是有限的，这两项没有边界，需要一直学习。

3.1.3 选择合适的学习路径

学什么、每一项要学到什么程度搞清楚了，接下来需要确定学习的先后顺序，也就是学习路径。同样，我们让 ChatGPT 来回答这个问题。

请基于上述要学习的内容，确定具体的学习顺序。

ChatGPT 收到上述内容后，返回如下结果。

基于上述需要学习的内容，可以按照以下顺序学习。

1. 学习基础数学和统计学：这是数据分析的基础，为后续学习准备基本概念和理论。
2. 学习编程语言（如 Python 或 R）：掌握编程语言是进行数据处理和分析的前提，建议选择 Python 或 R，两者都是数据分析领域常用的编程语言。
3. 学习数据处理与清洗：学会使用编程语言处理、清洗和整合数据，为后续的数据分析做好数据准备。
4. 学习数据库与 SQL：学会使用 SQL 从数据库中提取、查询和处理数据，提高数据获取和处理的能力。
5. 学习数据分析方法和技术：掌握常用的数据分析方法和技术，了解如何根据实际问题选择合适的方法进行分析。
6. 学习数据可视化：学会用编程语言或工具将数据分析结果可视化，便于呈现和解释。
7. 学习业务知识：了解数据分析在不同行业和领域的应用，积累业务知识和行业经验。
8. 提高沟通与报告能力：学会向非技术人员呈现和解释数据分析结果，提高数据可视化报告相关的表达能力。

这个学习顺序是先从基础概念和技能开始，逐步深入到高级技术和实际应用。在学习过程中，各个阶段的知识和技能可能会相互交织和影响，因此在实际学习时可以根据自己的需求和兴趣进行调整。最重要的是保持学习的恒心和毅力，不断积累实践经验，从而逐步成为一名优秀的数据分析师。

ChatGPT 给出的学习顺序其实就是前述知识点的顺序。但在实际的学习过程中，我建议先学习数据分析方法，因为分析方法一般会和具体场景相结合，学起来轻松些。等分析方法学得差不多了，再去学习使用工具，利用工具进行具体的分析。最后学习数学和统计学等专业理论，因为这两项的理论性很强，一开始就学的话，容易影响学习积极性。

3.2 获取学习资料

学习内容及顺序搞清楚以后，接下来就该确定学习资料了，也就是通过什么来学习。我们可以让 ChatGPT 帮忙推荐。

基于上述要学习的各项内容，请推荐一些评价比较高的学习资料，包括书籍、视频、社区等。

ChatGPT 收到上述内容后，返回如下结果。

以下是一些评价较高的学习资料，包括书籍、视频和社区等，可以帮助你学习数据分析相关的知识和技能。

1. 基础数学和统计学
   - 书籍：《统计学习方法》（李航）、《线性代数及其应用》[①]（David C. Lay）、《斯图尔特微积分》（James Stewart）
   - 在线课程：Khan Academy（数学和统计学教程）、MIT OpenCourseWare（线性代数、微积分等课程）

① 本书中文版已由人民邮电出版社图灵公司出版，详见 ituring.cn/book/567。——编者注

2. 编程语言（如 Python 或 R）
   - 书籍：《Python 编程：从入门到实践》①（Eric Matthes）、*Head First Python*（Paul Barry）、《R 数据科学》②（Hadley Wickham）
   - 在线课程：Codecademy（Python 和 R 课程）、Coursera（Python for Everybody 和 R Programming 等课程）、edX（Python 和 R 相关课程）
3. 数据处理与清洗
   - 书籍：*Python for Data Analysis*（Wes McKinney）、《Python 数据科学手册》③（Jake VanderPlas）
   - 在线课程：DataCamp（Python Data Science Toolbox 和 Data Wrangling with Pandas 等课程）
4. 数据库与 SQL
   - 书籍：《SQL 必知必会》④（Ben Forta）、《数据库系统概念》（Abraham Silberschatz 等）
   - 在线课程：Codecademy（SQL 课程）、Coursera（Introduction to SQL 和 SQL for Data Science 等课程）、edX（SQL 相关课程）
5. 数据分析方法和技术
   - 书籍：《数据科学入门》⑤（Joel Grus）、《Python 数据分析实战》（Wes McKinney）
   - 在线课程：Coursera（Data Science Specialization、Applied Data Science with Python 等课程）、edX（Data Science MicroMasters 等课程）
6. 数据可视化
   - 书籍：《Python 数据可视化编程实战》（Ben Root 等）⑥、《用数据讲故事》⑦（Cole Nussbaumer Knaflic）
   - 在线课程：DataCamp（Data Visualization with Python 和 Data Visualization with ggplot2 等课程）、Tableau 官方培训

① 本书中文版已由人民邮电出版社图灵公司出版，详见 ituring.cn/book/3038。——编者注
② 本书中文版已由人民邮电出版社图灵公司出版，详见 ituring.cn/book/2113。——编者注
③ 本书中文版已由人民邮电出版社图灵公司出版，详见 ituring.cn/book/1937。——编者注
④ 本书中文版已由人民邮电出版社图灵公司出版，详见 ituring.cn/book/2649。——编者注
⑤ 本书中文版已由人民邮电出版社图灵公司出版，详见 ituring.cn/book/2693。——编者注
⑥ 疑似 ChatGPT 给出了不准确的信息。——编者注
⑦ 本书中文版已由人民邮电出版社图灵公司出版，详见 ituring.cn/book/3138。——编者注

7. 业务知识和行业应用
   - 行业报告和案例分析：阅读麦肯锡、德勤、BCG 等咨询公司发布的行业报告，学习数据分析在不同行业的应用
   - 书籍：《数据科学与大数据分析》（Michael Rappa）[①]、《数据科学实战手册》（Drew Conway 等）[②]

8. 沟通与报告能力
   - 书籍：《非暴力沟通》（Marshall Rosenberg）、*To Sell Is Human*（Daniel H. Pink）
   - 在线课程：Coursera（Business Writing 和 Data Storytelling 等课程）

在学习过程中，你还可以参与以下社区和平台，以便于向他人请教问题，获取最新资讯，分享学习心得，以及参加实战项目。

1. Stack Overflow：一个广受欢迎的编程和数据科学问题解答社区，你可以在这里提问和查找答案，学习最佳实践和技巧。
2. GitHub：一个代码托管和版本控制平台，你可以在这里查找数据分析相关的开源项目和资源，学习他人的代码和经验。
3. Kaggle：一个数据科学和机器学习竞赛平台，你可以参加各种数据分析和建模挑战赛，提高自己的实战能力。
4. 数据科学相关的博客和网站：如 Towards Data Science、Analytics Vidhya 等，提供数据分析、机器学习等领域的最新资讯、教程和案例。
5. LinkedIn 和 Twitter：关注数据科学领域的专家和组织，了解行业动态，扩展人脉。
6. 数据科学和分析相关的论坛、社区和小组：如 Reddit 的 r/datascience、r/learnprogramming 等版块，以及 Facebook 和 LinkedIn 上的数据科学小组。

这些资料和社区将为你提供丰富的学习资源和实践机会，帮助你不断提高数据分析技能。在学习过程中，你可以根据自己的需求和兴趣进行调整，关注最新的发展趋势，不断积累实践经验，从而逐步成为一名优秀的数据分析师。

① 疑似 ChatGPT 给出了不准确的信息。——编者注

② 疑似 ChatGPT 给出了不准确的信息。——编者注

ChatGPT 列出的学习资料中有一些确实评价比较高，比如《统计学习方法》《Python 编程：从入门到实践》《SQL 必知必会》、DataCamp 在线课程和 Stack Overflow 社区等。但需要注意的是，有时 ChatGPT 给出的信息不准确。比如在数据分析方法和技术部分，它推荐了 Wes McKinney 的《Python 数据分析实战》，实际上正式中文书名应该是《利用 Python 进行数据分析》。

3.3 利用 ChatGPT 高效学习

学什么、用什么学都清楚了，接下来就轮到怎么学了。最简单的学习方式就是跟着学习资料一步一步来。如果选择看书，就一章接着一章看；如果选择看视频，就一个接着一个看。这种学习方法简单但效率不太高。要想实现高效学习，需要用到一些学习技巧和策略，以及应对困难和挑战的方法。

3.3.1 学习技巧与策略

不管学习什么，我都建议在学习过程中采取一些学习策略以提高效率。有哪些学习策略可用呢？可以直接询问 ChatGPT。

> 为了达到更好的学习效果，请提供一些比较好的学习策略建议。

ChatGPT 收到上述内容后，返回如下结果。

> 为了更高效地学习数据分析，你可以尝试采用以下学习策略。
>
> 1. 制订学习计划：根据自己的时间安排和学习目标，为每个学习阶段制订明确的计划和目标。坚持按照计划学习，确保学习的连续性。
> 2. 分阶段学习：将学习内容划分为多个阶段，逐步学习和掌握。每个阶段完成后，总结并检查自己的学习成果，确保掌握了所学内容。
> 3. 混合式学习：结合书籍、在线课程、实际项目和社区互动等多种学习方式，增强学习的趣味性和实践性，提升学习效果。
> 4. 学以致用：将所学知识运用到实际项目中，解决实际问题。通过实际操作巩固所学知识，并积累实战经验。

5. 与他人交流：加入数据分析社区、参加线上线下活动，与同行交流学习心得和经验，互相学习，共同进步。
6. 定期复习：定期回顾已学内容，巩固知识点，避免遗忘。在复习过程中，可以整理归纳知识体系，查漏补缺。
7. 拓展学习领域：在掌握数据分析基础技能之后，尝试学习相关领域的知识，如机器学习、深度学习等，拓展自己的技能树。
8. 反馈和调整：定期评估自己的学习进度和成果，根据实际情况调整学习计划和策略。在遇到困难时，及时寻求帮助，保持学习动力。
9. 学习资源更新：关注数据分析领域的最新发展和动态，及时更新学习资源，学习最新的技术和方法。
10. 保持耐心和毅力：学习数据分析需要时间和精力，保持耐心和毅力，相信自己会不断进步和成长。

遵循这些学习策略，并结合丰富的学习资源和实践机会，你将能够更高效地学习数据分析知识和技能，逐步实现自己的学习目标。

ChatGPT 给出的这些策略不一定都要采用，也不一定只用一种，你可以根据自身的实际情况选择几种结合使用。比如混合式学习就是我个人经常采取的一种策略。当我在看书过程中对某个知识点不太懂的时候，就会找一些相关视频来看，视频讲解往往比书本讲解更形象具体、更容易理解。

3.3.2 应对困难和挑战

在学习过程中，肯定会遇到各种各样的问题，这时你既可以向同学、老师求助，也可以上网搜索答案。当然，你还可以直接询问 ChatGPT，举个例子。

关于统计学中的假设检验，我看了好几本书，但还是不太理解，请用通俗易懂的语言给我解释一下。

ChatGPT 收到上述内容后，返回如下结果。

假设检验是统计学中一种用于推断总体参数的方法。它主要通过观察抽样数据来评估一个关于总体的假设是否成立。通常情况下，我们会设置一个原假设（H0）和一个备择假设（H1），然后根据抽样数据计算一个统计量，以及与之相关的概率值（P 值），来判断原假设是否成立。

下面用一个简化的例子来解释假设检验的基本概念。

假设你是一名质量控制经理，负责检查工厂生产的某种产品的尺寸。根据工厂规定，产品的平均尺寸应为 10 厘米。你需要通过抽查一部分产品，来确定生产过程中是否存在问题。

1. 原假设（H0）：产品的平均尺寸等于 10 厘米（即生产过程正常）。
2. 备择假设（H1）：产品的平均尺寸不等于 10 厘米（即生产过程存在问题）。

接下来，你从产品中随机抽取了 30 个样本进行测量，计算出样本平均尺寸和样本标准差。基于这些数据，你可以计算一个统计量，例如 t 统计量。

计算出统计量之后，你需要计算 P 值。P 值是在原假设成立的情况下，观察到当前统计量或更极端情况的概率。如果 P 值很小（通常低于预先设定的显著性水平，例如 0.05 或 0.01），则表明观察到的样本数据在原假设下出现的概率很低，我们有足够的证据拒绝原假设，接受备择假设。也就是说，在这个例子中，如果 P 值小于 0.05，我们就认为产品的平均尺寸与 10 厘米存在显著差异，生产过程可能存在问题。

需要注意的是，假设检验并不能证明原假设或备择假设是绝对正确的，而只能根据抽样数据给出拒绝或接受原假设的结论。同时，假设检验可能存在误差，例如第一类错误（拒绝正确的原假设）和第二类错误（接受错误的原假设）。因此，在实际应用中，我们需要综合考虑样本量、显著性水平、检验方法等因素，以确保假设检验的有效性和准确性。

上面仅以假设检验为例。在学习过程中无论遇到什么问题，都可以直接问 ChatGPT，把它当作老师或同学即可。

至此，我们了解了要想成为数据分析师，具体需要学什么、通过什么来学以及怎么学。接下来就可以开启正式的学习之旅了。ChatGPT 在我们的学习过程中可以发挥很大的作用，比如遇到不懂的知识点，可以直接询问 ChatGPT，它就是你的专属答疑老师。

第 4 章

ChatGPT 在数据分析面试阶段的应用

ChatGPT 不仅在岗位了解阶段和学习阶段有用，在面试阶段也很有用。我们可以利用 ChatGPT 确定应聘目标、优化简历、准备面试，接下来详述。

4.1 确定应聘目标

在准备应聘之前，可以利用 ChatGPT 解读招聘信息、了解目标公司的福利待遇和企业文化。

4.1.1 解读招聘信息

面试阶段的第一件事是通过招聘网站查找相关岗位，并仔细分析招聘信息。招聘信息一般包括工作职责和岗位要求，工作职责就是这个岗位具体需要做什么，岗位要求就是应聘这个岗位需要满足哪些要求。了解这两点，一方面有助于我们判断这个岗位是否符合我们的预期，另一方面可以让我们有针对性地准备简历和面试。

当我们拿到一份招聘信息以后，可以让 ChatGPT 对其进行提炼和总结，只需将招聘信息和提炼总结的要求发给 ChatGPT 即可。如下是从网上找的一份数据分析师的招聘信息，将它发给 ChatGPT。

请对如下招聘信息中的工作职责和岗位要求进行提炼和总结，列出这一职位的核心工作内容和具体要求。

工作职责：

1. 设计科学、可靠的业务指标体系，为产品决策和策略迭代提供高质量的数据“指南针”；

2. 深入业务，通过科学、有效的分析帮助发现业务增长机会，回答业务的关键战略问题，驱动业务优化迭代；
3. 帮助业务人员设计并评估、分析 A/B 实验，借助实验帮助业务快速优化迭代；
4. 基于对业务关键问题的深入思考，规划并开展自主驱动的专题分析，协同业务团队将分析的洞见落地。

岗位要求：

1. 拥有统计学、运筹学、计算机科学等理工科或商科相关专业的本科及以上学历；
2. 拥有 2 年及以上数据分析 / 经营分析 / 商业分析相关工作经验；
3. 熟练使用 SQL、Tableau 等数据分析工具，同时具备一定 Python 编程经验；
4. 具有良好的商业分析能力和商业敏感度，能够快速学习和了解业务知识，能够将模糊的商业问题转化为具体的分析课题并解决；
5. 具有出色的逻辑思维和表达能力，善于和业务人员沟通，能够跨部门组织协调，推动问题解决。

加分项：

1. 有互联网一线大厂数据分析 / 商业分析 / 经营分析相关经验优先。

ChatGPT 收到上述内容后，返回如下结果。

核心工作内容：

1. 设计业务指标体系并提供数据支持；
2. 深入分析业务数据，发现增长机会，优化迭代业务；
3. 设计和评估 A/B 实验，促进业务快速优化迭代；
4. 开展专题分析，协助业务团队实施洞见。

具体要求：

1. 本科以上学历，有相关专业背景；
2. 拥有 2 年以上数据分析相关经验；
3. 熟练使用数据分析工具，如 SQL、Tableau，同时具备 Python 编程经验；

4. 具有良好的商业分析能力，能够快速学习业务知识，能将商业问题转化为分析课题并解决；
5. 具有出色的逻辑思维和表达能力，能够跨部门沟通与协调。

加分项：

1. 有互联网大厂数据分析经验。

因为原招聘信息整体写得比较清晰，所以 ChatGPT 只是稍做了一些精简，没能做出进一步的抽象和总结。

4.1.2 了解福利待遇和企业文化

我们也可以利用 ChatGPT 来了解目标公司的福利待遇和文化价值观，只需指明具体的公司名即可。比如发送如下内容给 ChatGPT。

BAT 这三家公司的福利待遇和文化价值观分别是什么样的？

ChatGPT 收到上述内容后，返回如下结果。

BAT 指的是中国科技行业的三大巨头：百度（Baidu）、阿里巴巴（Alibaba）和腾讯（Tencent）。各公司的福利待遇和文化价值观如下。

1. 百度（Baidu）：

   福利待遇

   - 有竞争力的薪资待遇，包括基本工资、绩效奖金、年终奖金等。
   - 五险一金、商业保险、餐补、交通补助等福利。
   - 良好的职业发展和晋升机会。
   - 丰富的员工活动和团队建设。
   - 弹性工作制度，提供远程办公和灵活的工作时间选择。

文化价值观

- 用户至上：以用户需求为核心，关注用户体验。
- 创新驱动：鼓励创新思维，重视技术研发。
- 团队协作：注重团队合作，打破组织壁垒。
- 敢于担当：提倡员工承担责任，实现个人成长和组织发展。
- 持续学习：鼓励员工不断学习新知识和技能。

2. 阿里巴巴（Alibaba）：

福利待遇

- 有竞争力的薪资待遇，包括基本工资、绩效奖金、年终奖金等。
- 五险一金、商业保险、餐补、交通补助等福利。
- 丰富的职业发展和晋升机会。
- 丰富的员工活动和团队建设。
- 弹性工作制度，提供远程办公和灵活的工作时间选择。

文化价值观

- 客户第一：以客户为中心，关注客户需求。
- 团队合作：鼓励团队协作，分享成功。
- 拥抱变革：积极应对变化，追求进步。
- 诚信、责任、激情：强调诚信、责任心和激情。
- 教育慈善：致力于教育公益事业，回馈社会。

3. 腾讯（Tencent）：

福利待遇

- 有竞争力的薪资待遇，包括基本工资、绩效奖金、年终奖金等。
- 五险一金、商业保险、餐补、交通补助等福利。
- 丰富的职业发展和晋升机会。
- 丰富的员工活动和团队建设。
- 弹性工作制度，提供远程办公和灵活的工作时间选择。

文化价值观

- 用户为本：关注用户需求，提供优质的产品和服务。
- 创新精神：鼓励创新，持续改进技术和业务。
- 敬业奉献：员工全身心投入工作，追求卓越。
- 团队协作：强调团队合作，共同创造价值。
- 社会责任：关注社会问题，致力于公益事业。

总结：BAT 三家公司在福利待遇方面类似，都提供有竞争力的薪资、五险一金、商业保险、餐补、交通补助等福利，以及丰富的职业发展和晋升机会。在文化价值观方面，都强调以用户为本、创新驱动、团队协作和敬业奉献。不过，各家公司在具体实践中可能有所侧重。

在 ChatGPT 给出的结果中，三家公司的福利待遇差不多，文化价值观应该只有阿里的对得上，百度和腾讯的都对不上。毕竟目前 ChatGPT 的结果是生成的，而不是搜索得来的，所以其准确性有待确认。这一点大家需要注意。

4.2 简历书写与优化

在了解完招聘信息之后，我们就可以开始准备简历了。一般简历只需要制作一份，可以投递给不同的公司。但如果你对某一家公司特别中意，可以针对它的招聘要求修改简历，令简历内容和招聘要求尽可能匹配。

4.2.1 简历结构和格式

在开始书写简历之前，需要先了解一份合格的简历的结构和格式应该是什么样的。这个问题也可以询问 ChatGPT。

一份合格的数据分析师简历的结构和格式应该是什么样的？

ChatGPT 收到上述内容后，返回如下结果。

一份合格的数据分析师简历应该清晰、简洁并突出相关技能和经验。以下是简历的基本结构和格式建议。

1. 个人信息：在简历的顶部，列出你的姓名、联系方式（电话和电子邮箱）和 LinkedIn 个人资料链接（如果有）。
2. 简介 / 职业目标：用一段简洁明了的文字简单介绍自己的专业背景和技能，以及你对数据分析职位的兴趣和期望。这部分应该精练且具有吸引力，让招聘者一眼就能了解你的优势。
3. 技能概述：列出你掌握的与数据分析相关的技能，如编程语言（如 Python、R 等）、数据分析工具（如 Excel、Tableau 等）、数据库管理（如 SQL）、统计分析、机器学习等。可以使用简单的列表形式，突出关键技能。
4. 工作经历：按时间顺序（通常从最近到最早）列出你的工作经历。对于每个职位，请提供公司名称、职位名称、工作时间和主要职责。突出你在数据分析方面的成果和贡献，如解决了哪些问题，提高了哪些指标等。尽量用量化的方式展示你的成绩，例如"将销售额提高了 20%"。
5. 教育背景：列出你的学历信息，包括学位、专业、毕业院校和毕业时间。如果你拥有与数据分析相关的证书（如 Python 认证、数据分析师认证等），也可以在此部分列出。
6. 项目经历（可选）：如果你有实际项目经验（包括学术项目、实习项目或自主开展的项目），可以在此部分详细介绍。请注明项目名称、时间、你在项目中的角色以及所使用的技术和方法。强调项目成果，如提出了哪些见解、推动了哪些决策等。
7. 获奖与荣誉（可选）：如果你在数据分析领域获得过奖项、荣誉或其他成就，可以在此部分列出，以增加简历的吸引力。

在书写简历时，请注意以下几点。

- 确保简历的格式清晰、简洁，便于阅读。使用一致的字体和字号，留有适宜的空白和间距。
- 针对你申请的职位，强调与之相关的技能和经验。在描述工作经历和项目经历时，尽量使用动词和量化的成果。
- 避免在简历中出现拼写错误、语法错误或格式问题。在提交简历前，务必进行多次检查和修订。如果可能，请让他人帮你审阅简历，以获得更客观的意见。

- 使用关键词：简历可能会被 applicant tracking system（ATS）扫描。因此，在简历中使用与你申请职位相关的关键词，以提高简历通过筛选的概率。但避免“关键词填充”，确保内容自然且有意义。
- 保持简历长度适中：对于具有 3~5 年经验的数据分析师，简历长度通常控制在 1~2 页。对于更有经验的专业人士，可以适当增加长度，但尽量保持在 3 页以内。
- 使用动态语言：在描述工作经验和项目经验时，尽量使用动态的、表现力强的动词，如“优化”“实施”“分析”等，来展示你的主动性和能力。
- 量化成果：在可能的情况下，尽量用具体的数字和数据来描述你的成果，如“将成本降低了 10%”或“将用户满意度提高了 20%”。
- 定制简历：针对你申请的每个职位，根据职位描述和要求，适当调整简历内容，突出与目标职位相关的技能和经验。这有助于提高你的简历的通过率。

遵循这些建议，在结构和格式上优化你的简历，将有助于提高你在申请数据分析师职位时的竞争力。记住，一份高质量的简历是展示你技能和经验的关键，也是获得面试机会的重要途径。

ChatGPT 给出的简历结构和格式是符合需求的，在结尾部分还指出了一些需要注意的地方。我们可以让 ChatGPT 按照上述标准生成一份简历模板，然后根据模板进行修改。发送如下内容给 ChatGPT。

请按照上述标准生成一份简历模板。

ChatGPT 收到上述内容后，返回如下结果。

[你的名字] [电话号码] | [电子邮箱] | [LinkedIn 个人资料链接]

简介

具备 X 年数据分析经验的专业人士，擅长运用 Python、R、SQL 和 Tableau 等工具对数据进行清洗、分析和可视化。具有在不同行业（如零售、金融等）进行数据分析的经验，可支持业务决策和推动业务增长。寻求数据分析师职位，以利用我的技能和经验为贵公司创造价值。

核心技能

- 编程语言：Python、R
- 数据分析工具：Excel、Tableau、Power BI
- 数据库管理：SQL
- 统计分析：描述性统计、推断性统计、假设检验、回归分析
- 机器学习：线性回归、logistic 回归、聚类、决策树等

工作经历

数据分析师 | ABC 公司 | 20×× 年 ×× 月至今

- 为销售团队提供数据支持，通过分析销售数据，发现业务增长机会并提出建议
- 使用 Python 和 R 对数据进行清洗、分析和可视化，为业务决策提供数据支持
- 通过 SQL 查询和管理数据库，确保数据的准确性和完整性
- 实施 A/B 测试，分析测试结果，为产品改进提供依据，将用户满意度提升 20%
- 与跨部门团队合作，共同解决业务问题并提高业务效率

数据分析实习生 | XYZ 公司 | 20×× 年 ×× 月 ~ 20×× 年 ×× 月

- 收集、整理和分析行业数据，为市场部门提供竞争对手分析报告
- 协助数据分析师进行数据清洗和预处理，为项目分析做准备
- 使用 Tableau 创建交互式仪表盘，为团队成员展示关键绩效指标
- 参与部门内部数据分析培训，学习并实践新技能和方法

教育背景

[学位] | [专业] | [毕业院校] | [毕业时间]

- 课程：统计学、线性代数、计算机科学、数据挖掘、机器学习等

证书

- Python 数据分析认证（DataCamp）
- 数据分析师认证（Coursera）

项目经历

项目名称 | 个人 / 团队项目 | 20×× 年 ×× 月 ~ 20×× 年 ×× 月

- 担任数据分析师角色，负责数据收集、清洗和分析
- 使用 Python 和 R 分析数据，发现关键趋势，为业务决策提供支持
- 使用 Tableau 创建可视化报告，向项目组成员展示分析结果
- 通过 SQL 管理项目所需的数据库，确保数据的准确性和一致性
- 项目成果：提出了针对目标市场的营销策略，成功将产品销售额提高 15%

获奖与荣誉

- 20×× 年全国大学生数据分析大赛 – 一等奖
- ABC 数据分析比赛 – 优秀奖

附加技能

- 语言：英语 – 流利（听说读写）
- 软件：Microsoft Office 套件（Word、Excel、PowerPoint）

通过上面的简历模板，我们对一份合格的简历有了比较清楚的认识。接下来我们在这个模板的基础上进行调整，将其更新成自己的内容。

4.2.2 优化简历内容

当我们按照 ChatGPT 给出的简历模板写完简历以后，如果发现有些内容写得不够专业，可以让 ChatGPT 帮忙优化。比如让 ChatGPT 针对简历中的某段描述进行修改和润色。

假设你是一名资深面试官，下述内容是我应聘数据分析师的简历中的部分经历描述，请帮我对下述内容提出修改建议，并返回修改后的完整内容。

负责部门内的日常数据分析工作，为总经理提供决策支持，对重大问题进行深入挖掘、展开专题分析。

- 日常数据分析：搭建业务指标体系，从商户、客户、员工、产品等维度对每日数据进行监控，及时发现问题并进行预警，找出问题发生的原因，并针对问题从数据角度提出合理的优化策略。
- 数据产品搭建：搭建数据 BI 系统，代替人工报表，为一线业务的任务跟进和领导决策提供支持；搭建可视化大屏，实时关注核心指标，及时进行问题追踪定位与预警。
- 专题分析 / 模型：根据业务发展需要，从商户、客户、员工、产品等维度进行专题分析，主要有商户流失预警、用户生命周期管理等。

ChatGPT 收到上述内容后，返回如下结果。

根据你的经历描述，我为你提出以下修改建议，并返回修改后的完整内容。

负责部门内的日常数据分析工作，为总经理提供决策支持，并对重大问题进行深入挖掘和专题分析。

- 日常数据分析：构建业务指标体系，从商户、客户、员工和产品等维度监控每日数据，及时发现问题并预警，找出问题发生的原因，并从数据角度提出合理的优化策略。
- 数据产品开发：搭建数据 BI 系统，取代人工报表，为一线业务任务跟进和领导决策提供支持；创建可视化大屏，实时关注核心指标，以便及时进行问题追踪、定位和预警。
- 专题分析与模型构建：根据业务发展需求，从商户、客户、员工和产品等维度开展专题分析，主要包括商户流失预警和用户生命周期管理等。

这样的修改更加简洁明了，更好地突出了你在数据分析工作中的重要职责和所取得的成果。希望这些建议对你有所帮助。

可以看到，ChatGPT 只是对原来的内容稍作了一些精简和词语替换。我们可以提出进一步的要求，比如让它把简历内容改得更加专业。可以发送如下内容给 ChatGPT。

能不能改得更加专业一些？

ChatGPT 收到上述内容后，返回如下结果。

当然可以，我会尝试将你的经历描述专业化，请参考修改后的版本。

负责部门内的日常数据分析工作，为总经理提供数据驱动的决策支持，并针对关键问题进行深度挖掘和专题分析。

- 数据监控与优化：构建全面的业务指标体系，对商户、客户、员工和产品等多维度数据进行实时监控和分析，识别潜在问题并提前预警，运用数据驱动方法定位原因并制定优化策略。
- 数据产品开发与应用：设计并实现数据 BI 系统，实现自动化报表生成，提高一线业务任务跟进和领导决策效率；开发数据可视化大屏，实时展示核心指标变化，便于迅速进行问题定位和预警。
- 深度分析与模型建立：根据业务发展战略，从多维度展开专题分析，包括但不限于商户流失预警、用户生命周期管理等；应用统计和机器学习方法构建预测和分类模型，为业务优化提供数据支持。

修改后的描述更加专业化，更具体地说明了你在数据分析工作中的关键职责和技能。希望对你有所帮助。

这次返回的结果看起来比原来的内容专业了很多。需要注意，如果对 ChatGPT 第一次给出的结果不满意，可以让其进行修改，但是我们最好指出修改方向，比如要求内容“更加专业”。

4.3 面试准备

简历准备好之后就可以投递了。如果简历写得不错，学历和过往经历这些基础条件也不错，一般可以通过简历筛选，获得面试机会。收到面试通知后，就要开始准备面试了。

4.3.1 常见面试问题预测

如果你没有经历过面试，根本不知道面试官会问什么问题，更不知道该如何准备。这个时候我们就可以问 ChatGPT。发送如下内容给 ChatGPT。

数据分析师常见的面试问题有哪些？从技术问题和业务问题两个角度展开。

ChatGPT 收到上述内容后，返回如下结果。

数据分析师的面试通常包括技术问题和业务问题。以下是一些常见的问题。

技术问题

1. 请简述描述性统计和推断性统计的区别。
2. 解释假设检验及其在数据分析中的作用。
3. 描述一种线性回归模型，并解释其工作原理。
4. 请解释 logistic 回归模型，并介绍其在分类问题中的应用。
5. 如何处理缺失数据？请举例说明。
6. 请解释过拟合和欠拟合的概念，以及如何解决这些问题。
7. 请简述 A/B 测试的概念，并解释如何设计和实施一个 A/B 测试。
8. 描述如何使用 SQL 查询和管理数据库。
9. 请简要介绍你熟悉的数据可视化工具（如 Tableau、Power BI 等），并说明其优缺点。
10. 请举例说明 Python 或 R 在数据分析中的应用。

业务问题

1. 请描述一个实际的数据分析项目，介绍你在项目中的角色以及分析过程。
2. 请举例说明如何使用数据分析为业务决策提供支持。
3. 在一个数据分析项目中，如何与非技术背景的团队成员（如销售、市场人员等）合作？
4. 请描述一个你曾经遇到的棘手的数据分析问题，以及你是如何解决的。
5. 当你的分析结果与业务团队的预期不符时，你会如何沟通和处理？
6. 请举例说明如何根据数据分析结果为公司制定策略和提供建议。
7. 在项目中，如何确定关键绩效指标（KPI）？
8. 如何向不同层次的管理者或团队成员呈现分析结果？
9. 当数据质量或完整性不理想时，你会如何应对？
10. 请描述你在保持技能和知识更新方面所采取的措施。

准备这些问题有助于你在面试中表现出色。请注意，面试官可能会根据你的简历和具体情况提出其他问题，所以要确保对自己的简历内容和项目经验非常熟悉。同时，展示出积极的态度、良好的沟通能力和解决问题的能力，这些对于数据分析师职位同样重要。

ChatGPT 只是列出了一些比较通用的问题，我们可以问得更精确一些，如某某公司、某某行业的面试问题。发送如下内容给 ChatGPT。

BAT 大厂常见的数据分析师面试题。

ChatGPT 收到上述内容后，返回如下结果。

BAT（百度、阿里巴巴、腾讯）等大型互联网公司针对数据分析师的面试题通常涵盖了技术能力、业务理解、沟通能力和解决问题的能力等方面。以下是一些在 BAT 等大厂数据分析师面试中常见的问题。

1. 在进行数据分析时，如何评估数据质量？遇到数据质量问题时如何解决？
2. 解释什么是决策树算法，以及如何在数据分析中应用决策树。
3. 请简要介绍聚类分析，并说明其在实际业务场景中的应用。
4. 请解释 SQL 中内连接、左连接、右连接和全连接的区别，并提供示例。
5. 请解释协同过滤算法，并说明如何在推荐系统中应用协同过滤。
6. 请描述你在实际项目中如何应用机器学习算法解决业务问题。
7. 在数据可视化中，如何根据不同需求选择合适的图表类型？
8. 如何利用数据分析来评估和优化用户体验？
9. 当数据量很大时，如何进行有效的数据抽样以降低计算复杂度？
10. 请描述一个成功的数据分析项目，包括项目背景、目标、你的角色、分析方法和结果。

除了这些问题外，BAT 等大厂也可能会针对具体业务领域提出相关问题，例如电商、金融、广告等。因此，了解所申请公司的业务领域，并熟悉与该领域相关的数据分析方法和技术，有助于在面试中脱颖而出。

同时，在面试过程中，面试官可能会提出一些开放性问题，以评估你的思考和解决问题的能力。例如，面试官可能会给出一个实际业务问题，让你说明如何通过数据分析解决这个问题。在回答这类问题时，展现出扎实的分析技巧、业务理解能力和创造性思维非常重要。

准备这些问题并熟悉自己的简历和项目经验，能够帮助你在 BAT 等大厂的数据分析师面试中取得成功。

在数据分析师的面试过程中，除了问一些比较通用的问题以及行业问题外，面试官还会基于面试者的简历内容进行提问，比如会问你简历中的某个项目是怎么做的。我们可以将简历内容发送给 ChatGPT，让它模拟面试官基于其中某段经历提出问题。比如发送如下内容给 ChatGPT。

以下是我的数据分析师求职简历中的一个专题项目，如果你是一名面试官，基于这个项目经历，你会问哪些问题？

- 项目名称：用户生命周期研究。
- 目的：研究用户在平台上的发展轨迹，并针对处于不同阶段的用户采取不同的运营策略。
- 实施：先对用户进行综合评分，根据评分划分目前用户所处的阶段，利用 *k*-means 算法模型发现用户在平台上的经典发展轨迹；针对不同阶段的用户触发不同类型的销售任务，从而最大化地缩短用户的进入时间、延长用户的成熟期，并对衰退期用户进行及时预警。

ChatGPT 收到上述内容后，返回如下结果。

作为一名面试官，针对你的这个项目经历，我可能会提出以下几个问题：

1. 请详细介绍你确定用户综合评分的方法和依据。
2. 能否具体描述你是如何使用 *k*-means 算法来发现用户在平台上的经典发展轨迹的？你在选择聚类数量时采用了什么策略？
3. 在划分用户阶段时，你是如何确定阈值的？根据经验设定还是基于数据驱动？

4. 在为不同阶段的用户触发不同类型的销售任务时，你是如何量化和评估这些运营策略的有效性的?
5. 关于对衰退期用户进行及时预警，你是如何定义衰退期用户的? 你采用了哪些预警指标?
6. 在这个项目中，你遇到了哪些挑战和困难? 你是如何克服这些困难的?
7. 请介绍一下这个项目的成果及其对业务的影响，以及你在这个项目中所获得的有趣或者有启发性的洞见。

这些问题旨在了解你在这个项目中所展现的技术能力、分析思路、执行过程以及对业务的理解。希望这些建议能帮助你更好地为面试做准备。

这样一来，我们就知道对于这部分该怎么准备了。

4.3.2 利用 ChatGPT 模拟面试

除了问 ChatGPT 常见的面试问题有哪些以外，我们还可以让 ChatGPT 扮演面试官来模拟面试。发送如下内容给 ChatGPT。

请给出一些数据分析师模拟面试的例子。

ChatGPT 收到上述内容后，返回如下结果。

以下是一些数据分析师模拟面试的例子，包括技术问题和业务问题。

技术问题

1. 面试官：请简要介绍主成分分析（PCA），并解释其在数据分析中的应用场景。你的回答：（解释主成分分析的基本概念、原理及其在数据降维、特征提取等方面的应用）。
2. 面试官：在 SQL 中，有哪些聚合函数? 请举例说明它们的用途。你的回答：（列出常见的聚合函数，如 COUNT、SUM、AVG、MIN、MAX 等，并给出使用示例）。

业务问题

1. 面试官：请描述一个你参与过的数据分析项目，包括项目背景、问题、你的角色、分析方法和结果。你的回答：（详细介绍一个实际项目，突出你在其中的贡献和取得的成果）。
2. 面试官：请分享一个你曾遇到的分析挑战，以及你是如何克服这个挑战的。你的回答：（描述一个具体的挑战，强调你解决问题的能力和应对措施）。

模拟面试是一种非常有效的面试准备方法，可以帮助你熟悉面试流程和问题类型。与朋友、家人或导师进行模拟面试，让他们扮演面试官的角色，向你提问。在模拟面试过程中，请确保真实地回答问题，并注意你的语言表达、肢体语言和沟通技巧。

模拟面试之后，请与对方讨论你的表现，了解自己在哪些方面做得好，哪些方面需要改进。根据反馈调整自己的回答和表现，多次进行模拟面试，以提高你在实际面试中的自信和表现。

我们可以继续追问。

请基于业务问题 1，以真实的面试场景为例，展开多轮的对谈。面试官针对你的第一轮回答会提出进一步的问题，请你做出进一步的回答。

ChatGPT 收到上述内容后，返回如下结果。

面试官：请描述一个你参与过的数据分析项目，包括项目背景、问题、你的角色、分析方法和结果。

你的回答：我曾参与一个关于电商平台用户流失预测的项目。项目的背景是，公司希望通过对用户流失的预测，采取相应的策略降低流失率。我在项目中担任数据分析师的角色，负责数据清洗、特征工程、建立预测模型和评估模型性能。在分析过程中，我主要使用了 logistic 回归和随机森林等机器学习算法进行建模。最终，我们的模型成功预测了用户流失，为公司提供了有针对性的营销策略，从而降低了用户流失率。

面试官：谢谢你的回答。在进行特征工程时，你是如何选择和构建特征的？有哪些关键指标？

你的回答：在特征工程阶段，我们首先对原始数据进行了探索性数据分析（EDA），以了解各个变量之间的关系和分布情况。我们选择了与用户行为、消费习惯和互动频率等相关的指标，例如购买频率、平均消费金额、最近一次购买距今的天数、活跃天数等。然后，我们对这些指标进行了处理，包括缺失值填充、异常值处理和归一化等。在特征选择方面，我们采用了相关性分析、卡方检验和递归特征消除等方法，以选择对模型预测最有贡献的特征。

面试官：了解了。在模型评估阶段，你是如何衡量模型性能的？有哪些评价指标？

你的回答：在模型评估阶段，我们使用了多种指标来衡量模型的性能。首先，我们使用了准确率作为基本的评价指标。然后，考虑到用户流失预测问题的特点，我们还使用了精确率、召回率、F1 分数和 AUC-ROC 等指标。这些指标可以从不同方面评估模型在预测正例（流失用户）和负例（非流失用户）方面的表现。在训练过程中，我们使用了交叉验证的方法，以降低过拟合的风险，提高模型在未知数据上的泛化能力。

面试官：最后，根据模型预测结果，你是如何为公司提出降低用户流失率的策略建议的？

你的回答：根据模型预测结果，我们首先对流失风险较高的用户进行了分类，识别出了这些用户的共同特征。然后，针对这些特征，我们为公司提供了一系列策略建议。

1. 提升用户活跃度：针对长时间未登录或购买的用户，通过发送优惠券、活动推送等方式，激发他们重新参与平台互动和消费。
2. 个性化推荐：根据用户的购买历史和喜好，为他们提供个性化的产品推荐，提高用户满意度和购买意愿。
3. 优化用户体验：对平台的页面设计、导航结构等进行优化，确保用户能够轻松找到所需产品，改善用户体验。
4. 增加用户互动：通过社交媒体、在线社区等途径，增加与用户的互动，了解用户需求和反馈，及时调整产品和服务。
5. 设立用户忠诚计划：为长期和高价值用户提供积分、会员等优惠，鼓励他们继续保持购买行为和使用平台服务。

这些策略建议在实施后，有效地降低了用户流失率，并提高了用户满意度和平台收益。

上面展示了数据分析师模拟面试的样例。我们可以开展一场模拟面试，只需发送如下内容给 ChatGPT。

> 假设你是一名面试官，我是应聘数据分析师的候选人，请对我进行面试。我每回答完一个问题，你可以基于我的回答进行追问或者开启下一个问题。

ChatGPT 收到上述内容后，会开始提问，然后我进行回答，最终生成的部分对话如下所示。

面试官：你好，非常感谢你来参加我们的面试。首先，请你简单地介绍一下自己。

[候选人回答完毕后]

面试官：谢谢你的介绍。接下来，请谈谈你过往的一个数据分析项目，包括项目背景、你在项目中扮演的角色以及你如何使用数据分析解决问题。

我的回答：我曾参与一个关于电商平台用户流失预测的项目。项目的背景是，公司希望通过对用户流失的预测，采取相应的策略降低流失率。我在项目中担任数据分析师的角色，负责数据清洗、特征工程、建立预测模型和评估模型性能。在分析过程中，我主要使用了 logistic 回归和随机森林等机器学习算法进行建模。最终，我们的模型成功预测了用户流失，为公司提供了有针对性的营销策略，从而降低了用户流失率。

面试官：谢谢你的回答。关于这个项目，请问你是如何进行数据清洗和特征工程的？在挑选特征时，你是如何判断哪些特征对于流失预测更为重要的？

我的回答：在特征工程阶段，我们首先对原始数据进行了探索性数据分析（EDA），以了解各个变量之间的关系和分布情况。我们选择了与用户行为、消费习惯和互动频率等相关的指标，例如购买频率、平均消费金额、最近一次购买距今的天数、活跃天数等。然后，我们对这些指标进行了处理，包括缺失值填充、异常值处理和归一化等。在特征选择方面，我们采用了相关性分析、卡方检验和递归特征消除等方法，以选择对模型预测最有贡献的特征。

面试官：非常感谢你的详细解答。在建立预测模型时，你提到使用了 logistic 回归和随机森林等机器学习算法。请问你是如何决定采用这些算法的？在评估模型性能时，你采用了哪些指标和方法？

我的回答：在模型评估阶段，我们使用了多种指标来衡量模型的性能。首先，我们使用了准确率作为基本的评价指标。然后，考虑到用户流失预测问题的特点，我们还使用了精确率、召回率、F1 分数和 AUC-ROC 等指标。这些指标可以从不同方面评估模型在预测正例（流失用户）和负例（非流失用户）方面的表现。在训练过程中，我们使用了交叉验证的方法，以降低过拟合的风险，提高模型在未知数据上的泛化能力。

理想的情况是我们先把简历传给 ChatGPT，这样模拟面试会更有针对性。但是上传全部简历，内容会有点多。我们可以以某段经历或者某个项目为例，基于其内容展开模拟面试。比如我们将前面面试问题中谈到的那个项目发送给 ChatGPT。

以下是我的数据分析师求职简历中的一个专题项目。如果你是一名面试官，请基于这个项目经历对我进行模拟面试。

- 项目名称：用户生命周期研究。
- 目的：研究用户在平台上的发展轨迹，并针对处于不同阶段的用户采取不同的运营策略。
- 实施：先对用户进行综合评分，根据评分划分目前用户所处的阶段，利用 *k*-means 算法模型发现用户在平台上的经典发展轨迹；针对不同阶段的用户触发不同类型的销售任务，从而最大化地缩短用户的进入时间、延长用户的成熟期，并对衰退期用户进行及时预警。

ChatGPT 收到上述内容后，返回如下结果。

面试官：感谢你分享项目经验。请先介绍一下，在对用户进行综合评分时，你采用了哪些指标？这些指标是如何权衡的？

你：（请根据你的实际项目回答）

面试官：非常好。接下来，请详细介绍你是如何使用 *k*-means 算法来发现用户在平台上的经典发展轨迹的，以及你在选择聚类数量时采用了什么策略。

你：（请根据你的实际项目回答）

面试官：了解了。那么，在为不同阶段的用户触发不同类型的销售任务时，你是如何量化和评估这些运营策略的有效性的？

你：（请根据你的实际项目回答）

面试官：关于对衰退期用户进行及时预警，你是如何定义衰退期用户的？你采用了哪些预警指标？

你：（请根据你的实际项目回答）

面试官：在这个项目中，你遇到了哪些挑战和困难？你是如何克服这些困难的？

你：（请根据你的实际项目回答）

面试官：请介绍一下这个项目的成果及其对业务的影响，以及你在这个项目中所获得的有趣或者有启发性的洞见。

你：（请根据你的实际项目回答）

面试官：非常感谢你详细的解答，你在这个项目中的经验让我印象深刻。我们稍后会通知你面试结果。再次感谢你抽出时间来面试，祝你今天过得愉快！

你：谢谢！期待你的好消息！

4.3.3 面试技巧和注意事项

在面试阶段，除了准备前面谈到的内容以外，还需要了解一些面试技巧和注意事项。这也可以请教 ChatGPT。

作为一名候选人，在数据分析师面试过程中有什么技巧或注意事项吗？

ChatGPT 收到上述内容后，返回如下结果。

在数据分析师面试过程中，以下是一些建议和注意事项，可以帮助你在面试中表现出色。

1. 准备充分：在面试前，确保熟悉自己的简历，了解自己过去的项目经历和技能，以便能够清晰地解释和展示。同时，研究招聘公司的业务和行业，了解他们可能面临的数据分析挑战。
2. 明确沟通：在回答问题时，确保你的回答结构清晰、简洁易懂。描述问题、解决方案和结果时，使用简单的语言，避免过多的术语和复杂的解释。
3. 量化成果：在谈论自己的项目经验时，尽量提供具体的数字和成果。例如，可以描述你的分析如何提高了业务指标、节省了成本或提高了效率。
4. 展示技能：在面试过程中，向面试官展示你掌握的技能，如编程语言、数据处理工具、可视化技巧等。如有可能，提供一些具体的例子来说明你如何运用这些技能解决问题。
5. 分析思维：展示你的分析思维能力，包括识别问题、提出假设、测试假设、得出结论和推荐解决方案。在面试中，尽量展现出对问题的敏感度和解决问题的逻辑性。
6. 适应性：在回答问题时，展示出对不同类型数据和业务场景的适应能力。展示你可以灵活运用数据分析方法，解决各种问题。
7. 沉着冷静：面试过程中，保持冷静和自信。如果遇到不熟悉的问题，首先深呼吸，然后尝试从自己的经验和知识中找到答案。如果真的不知道答案，诚实地告诉面试官，并表示愿意学习。
8. 提问环节：在面试结束时，准备一些问题向面试官提问。这些问题可以涉及公司的数据分析团队、工作内容、业务挑战等，以显示你对这个职位的兴趣和热情。
9. 跟进：在面试后，发送一封感谢邮件，对面试官表示感谢，并再次表达对这个职位的兴趣。这样可以留下积极的印象，增加你获得 offer 的机会。

至此，我们了解了数据分析师面试阶段需要做什么：知道了简历该怎么写，面试该如何准备，面试的注意事项有哪些。

第 5 章

ChatGPT 在数据分析 OKR 计划中的应用

现在大多数公司引入了 OKR（objective & key result）计划，数据分析师也需要定期制订和检查自己的 OKR 计划。我们不仅可以利用 ChatGPT 辅助制订 OKR 计划，也可以让其对 OKR 计划内容进行调整、优化，还可以对 OKR 计划进行复盘。

5.1 制订数据分析相关 OKR 计划

我们可以直接让 ChatGPT 根据不同的数据分析师级别生成不同的 OKR 计划，只需发送如下内容给 ChatGPT。

帮我生成一份数据分析师的季度 OKR 计划，需要根据不同的数据分析师级别生成不同的 OKR 计划。

ChatGPT 收到上述内容后，返回如下结果。

一份数据分析师的季度 OKR 计划可以根据职位级别来调整。以下是针对初级、中级和高级数据分析师的季度 OKR 计划示例。

初级数据分析师

Objective 1：提高数据分析技能

- KR1：完成至少两门在线数据分析课程，如 SQL 和 Python 编程
- KR2：每周阅读至少一篇与数据分析相关的技术文章或博客

Objective 2：支持业务团队并优化业务流程

- KR1：及时完成每周的数据报告和分析任务，确保准确性和高质量
- KR2：与业务团队密切合作，针对业务问题提出至少 3 个数据驱动的优化建议

中级数据分析师

Objective 1：提升分析效率，为业务部门提供更高质量的数据支持

- KR1：为至少两个核心业务流程开发自动化报告工具，提高报告生成效率
- KR2：深入了解业务需求，主动发现并解决至少 5 个业务关键问题

Objective 2：带领团队提高数据分析能力

- KR1：组织至少一次团队内部的数据分析技能培训或分享会
- KR2：为初级数据分析师提供指导，帮助他们完成至少 3 个关键项目

高级数据分析师

Objective 1：推动数据驱动的决策文化建设

- KR1：与高层管理团队合作，将数据驱动的决策引入至少 3 个关键业务领域
- KR2：定期与业务部门进行沟通，收集反馈并优化数据报告和分析流程

Objective 2：构建和优化数据分析基础设施

- KR1：评估现有数据分析工具和技术栈，提出至少 3 个优化建议并实施
- KR2：与数据工程团队合作，优化数据仓库结构，提高数据查询效率

请注意，这些 OKR 计划只是示例，你可以根据具体的公司和团队需求进行调整。

ChatGPT 生成的 OKR 计划无法直接使用，但是可以作为参考：数据分析师的 OKR 计划一般是什么样的，包含哪些方面。在实际工作中，我们一般有大概的 O，即大方向确定，但是不知道如何根据 O 拆解 KR，这个时候就可以让 ChatGPT 帮忙。

接下来请基于我的要求，重新生成 OKR 计划，不需要分不同级别。

O1：基础建设 – 完善指标体系、中间表、数据看板的构建，提高日常数据分析效率

O2：数据分析 – 高效、准确、及时地支持业务需求，助力业务增长。KR 主要从临时需求、A/B 实验、专题分析几个角度出发

ChatGPT 收到上述内容后，返回如下结果。

基于你的要求，以下是重新生成的数据分析师季度 OKR 计划。

Objective 1：基础建设 – 完善指标体系、中间表、数据看板的构建，提高日常数据分析效率

- KR1：审查和完善现有业务指标体系，确保覆盖关键业务领域
- KR2：优化现有中间表结构，提高数据处理和查询效率
- KR3：设计并构建至少 3 个新的数据看板，以满足不同业务部门的需求

Objective 2：数据分析 – 高效、准确、及时地支持业务需求，助力业务增长。KR 主要从临时需求、A/B 实验、专题分析几个角度出发

- KR1：及时响应临时数据分析需求，保证至少 95% 的需求在规定时间内解决
- KR2：设计并实施至少 2 个 A/B 实验，为业务优化提供数据支持
- KR3：完成至少 3 个专题分析，挖掘潜在业务增长点并提出改进策略

这些 OKR 计划可以根据具体的公司和团队需求进行调整。

这次生成的结果相对可用，在此基础上根据实际情况改一改就差不多了。

5.2 调整、优化 OKR 计划

制订完 OKR 计划以后，如果觉得自己写得不够专业，可以让 ChatGPT 帮忙调整和优化。只需将所写的内容发送给 ChatGPT，让它进行修改即可。

请对下面这份数据分析师的 OKR 计划提出修改意见，并返回修改后的内容。

O1：基础建设 – 持续完善业务的指标体系、中间表、数据看板的构建，提高日常数据分析效率。

- KR1：协助数据组完成数据资产的规划以及相应表的迁移、替换工作。
- KR2：梳理目前业务已有的数据资产，给数据组提出关于表的新建与重构需求。

O2：数据分析 – 高效、准确、及时地支持业务需求，提出业务建议。

- KR1：日常数据归因——对日常数据异动进行准确的归因，并形成文档进行留档。
- KR2：A/B 实验评估——对平台功能的日常策略迭代进行评估，根据评估结果给出下一步实验迭代建议。
- KR3：专项分析——能够按时产出版本评估报告，并将其自动化；完成用户画像的收尾工作，并与业务团队探索初步落地方案。

ChatGPT 收到上述内容后，返回如下结果。

以下是根据你提供的 OKR 计划进行修改后的内容。

O1：基础建设 – 持续完善业务的指标体系、中间表、数据看板的构建，提高日常数据分析效率。

- KR1：协助数据组完成数据资产的规划，优化现有表结构，提高数据处理和查询效率。
- KR2：梳理现有业务指标体系，确保覆盖关键业务领域，并提出新的数据资产方面的需求。
- KR3：设计并构建至少 3 个新的数据看板，以满足不同业务部门的需求。

O2：数据分析 – 高效、准确、及时地支持业务需求，提出业务建议。

- KR1：日常数据归因——对日常数据异动进行准确归因，形成文档并存档，便于追踪和分析。

- KR2：A/B 实验评估——评估平台功能的日常策略迭代，根据评估结果提出下一步实验迭代建议。
- KR3：专项分析——按时产出版本评估报告，探索报告生成自动化；完成用户画像项目，并与业务团队协同探讨初步落地方案。

这些修改后的 OKR 计划可以根据具体的公司和团队需求进行调整。

ChatGPT 修改后的内容明显比原始版本清晰、精练很多。

5.3 复盘 OKR 计划

在季度末，我们可以利用 ChatGPT 复盘 OKR 计划。因为 ChatGPT 具有基于上下文对话的能力，所以我们发送如下内容给 ChatGPT。

一个季度过去了，请对上述 OKR 计划进行复盘。

ChatGPT 收到上述内容后，返回如下结果。

在季度结束时，对上述 OKR 计划进行复盘。

O1：基础建设 – 持续完善业务的指标体系、中间表、数据看板的构建，提高日常数据分析效率

- KR1：协助数据组完成数据资产的规划，优化现有表结构，提高数据处理和查询效率。
  - 评估：已完成 80%，部分表结构优化尚未完成，但查询效率已显著提升。
- KR2：梳理现有业务指标体系，确保覆盖关键业务领域，并提出新的数据资产方面的需求。
  - 评估：已完成 100%，已梳理并优化现有指标体系，确保覆盖关键业务领域，并成功提出新的数据资产方面的需求。

- KR3：设计并构建至少 3 个新的数据看板，以满足不同业务部门的需求。
  - 评估：超额完成，已成功设计并构建 4 个新的数据看板，满足了不同业务部门的需求。

O2：数据分析 – 高效、准确、及时地支持业务需求，提出业务建议。

- KR1：日常数据归因——对日常数据异动进行准确归因，形成文档并存档，便于追踪和分析。
  - 评估：已完成 90%，对大部分数据异动进行了准确归因，但仍有部分案例需要进一步完善归因文档。
- KR2：A/B 实验评估——评估平台功能的日常策略迭代，根据评估结果提出下一步实验迭代建议。
  - 评估：已完成 95%，开展了多个 A/B 实验评估，并成功根据结果提出下一步实验迭代建议。仅有少数实验评估仍在进行中。
- KR3：专项分析——按时产出版本评估报告，探索报告生成自动化；完成用户画像项目，并与业务团队协同探讨初步落地方案。
  - 评估：已完成 85%，按时完成了大部分版本评估报告和报告生成自动化探索，用户画像项目也已完成，但与业务团队的初步落地方案讨论仍在进行中。

总结：整体上，本季度的 OKR 计划完成情况良好，大部分关键结果已经实现。在下个季度中，需要继续努力完成未完成的目标，并根据本季度的经验和教训，制订更切实可行的 OKR 计划。

在实际工作中，我们需要根据 OKR 计划的完成情况对上述内容进行修改，而关于一些基础术语，可以直接使用 ChatGPT 给出的结果。

至此，我们了解了在数据分析中怎么利用 ChatGPT 来更好地制订、优化和复盘 OKR 计划。

第 6章

ChatGPT 在数据处理中的应用

数据处理是贯穿整个数据分析过程的关键步骤，主要是对数据进行各种操作，以达到最终的分析目的。数据处理主要包括以下几部分。

(1) 概览数据：对数据进行初步了解，包括数据的量级、行数和列数、每一列的数据类型等。

(2) 数据预处理：对原始数据进行初步处理，主要包括缺失值、重复值、异常值的处理。

(3) 数据选择：根据分析需要，从原始数据中筛选出需要的行和列。

(4) 数值操作：根据分析需要，对目标数据进行替换、排序、排名、删除、计数、插入行和列以及行列互换等操作。

(5) 数值运算：对数据进行进一步的运算，以便了解数据的整体情况，具体包括算术运算、比较运算和汇总运算。

(6) 数据分组：将数据按照某些维度进行分组和汇总。

(7) 时间序列分析：对时间数据进行处理，包括不同类型时间格式互换、时间索引和时间运算等。

日常在进行数据处理时，ChatGPT 的应用主要体现在以下两个方面。

(1) 直接将原始数据传给 ChatGPT 进行处理

这是一种比较高级的用法。我们将待处理的原始数据直接输入 ChatGPT，并描述想要执行的具体操作，ChatGPT 会帮我们把数据处理好并返回。但是截至本书写作时，ChatGPT 对这方面的支持不是很友好。这主要有两个原因：一个是数据格式限制，我们只能以文本类型输入，不能直接传入 CSV 或 Excel 文件；另一个是 ChatGPT 可以传入的数据量有限。所以目前我们重点体验其用法。相信在不远的将来，上述问题都会得到解决。届时我们只需提出具体的要求即可，ChatGPT 会帮我们完成所有工作。

(2) 利用 ChatGPT 辅助处理数据

数据分析师平常使用的数据处理工具主要有 Excel、SQL、Python，但有时我们想用某个工具实现某个操作，可能一下子想不到具体的实现方法，这时就可以向 ChatGPT 描述需求，它会告诉我们具体的操作步骤或实现函数。

日常进行数据处理时，以上两种方式可以大大提高工作效率，让我们有更多时间思考更有深度的问题。接下来在讲述每个数据处理操作时，会展示以上两种实现方式。我们把第一种方式叫作“ChatGPT 帮我做”，第二种方式叫作“ChatGPT 告诉我”。

6.1 概览数据

接下来的操作基于表 6-1 所示的样例数据展开。这是一个简短的订单明细表，包含订单 ID、用户 ID、产品 ID、订单日期、用户性别、用户年龄这几列。我们先对这份数据进行概览。

表 6-1 样例数据

订单 ID	用户 ID	产品 ID	订单日期	用户性别	用户年龄
1001	101	10001	2023-04-01	男	28
1002	101	10002	2023-04-02	男	28
1003	102	10001	2023-04-01	女	35
1004	102	10003	2023-04-02	女	35
1005	103	10002	2023-04-01	男	22
1006	104	10001	2023-04-01	女	
1007	104	10003	2023-04-02	女	
1008	105	10002	2023-04-01	男	45
1009	105	10003	2023-04-02	男	45
1010	106	10001	2023-04-01	女	32

6.1.1 ChatGPT 帮我做

来看第一种实现方式。只需把数据传给 ChatGPT，并发出明确的操作指令即可。源数据一般是 CSV 格式的，我们需要将其以文本格式传入 ChatGPT。下面是我们向 ChatGPT 输入的具体操作和数据集。

请帮我分析以下电商订单明细表数据(CSV 格式),我需要以下信息:每一列的数据类型、非空值个数、均值、中位数、最小值、最大值、标准差，并以不同的列作为列、不同的统计指标作为行的格式输出。

订单 ID, 用户 ID, 产品 ID, 订单日期 , 用户性别 , 用户年龄
1001,101,10001,2023-04-01, 男 ,28
1002,101,10002,2023-04-02, 男 ,28
1003,102,10001,2023-04-01, 女 ,35
1004,102,10003,2023-04-02, 女 ,35
1005,103,10002,2023-04-01, 男 ,22
1006,104,10001,2023-04-01, 女 ,
1007,104,10003,2023-04-02, 女 ,
1008,105,10002,2023-04-01, 男 ,45
1009,105,10003,2023-04-02, 男 ,45
1010,106,10001,2023-04-01, 女 ,32

在输入数据时，我们要将 CSV 文件转换成可以直接输入 ChatGPT 中的格式。只需将 CSV 文件用记事本或文本编辑器打开，然后复制粘贴即可。

按照上面的指令，ChatGPT 返回如表 6-2 所示的结果。

表 6-2 返回结果

统计指标	订单 ID	用户 ID	产品 ID	订单日期	用户性别	用户年龄
数据类型	整数	整数	整数	日期	文本（类别）	整数
非空值个数	10	10	10	10	10	8
均值	1005.5	103.5	10001.8	-	-	32.5
中位数	1005.5	103.5	10002	-	-	31.5
最小值	1001	101	10001	-	-	22
最大值	1010	106	10003	-	-	45
标准差	3.03	1.87	0.63	-	-	8.06

需要注意的是，非数值类型的列无法进行求均值、最值等运算，所以 ChatGPT 会返回“-”。

6.1.2 ChatGPT 告诉我

来看第二种实现方式，问 ChatGPT 用什么工具可以及如何实现某个需求。我们需要把数据结构以及具体需求描述清楚，然后发送给 ChatGPT。在 Excel 中概览数据比较简单，这里就不展开了，而主要展示在 SQL 和 Python 中如何实现。下面是我们向 ChatGPT 发送的具体内容。

> 现有一份数据，包含这几列：订单 ID、用户 ID、产品 ID、订单日期、用户性别、用户年龄。我想同时获取每一列的非空值个数、均值、中位数、最小值、最大值、标准差这几个指标，请分别列出对应的 Hive SQL 和 Python 实现代码。不需要创建数据集，假设其已经存在。

ChatGPT 收到上述内容以后，返回如下结果。

SQL 结果：

```
-- 假设数据已经存储在 Hive 表中，表名为 orders

-- 查询指标
SELECT
  COUNT(order_id) AS non_null_order_id,
  COUNT(user_id) AS non_null_user_id,
  COUNT(product_id) AS non_null_product_id,
  COUNT(order_date) AS non_null_order_date,
  COUNT(user_gender) AS non_null_user_gender,
  COUNT(user_age) AS non_null_user_age,
  AVG(user_age) AS avg_user_age,
  MIN(user_age) AS min_user_age,
  MAX(user_age) AS max_user_age,
  STDDEV(user_age) AS stddev_user_age
FROM
  orders;
```

注意：Hive SQL 无法直接计算中位数，你需要编写更复杂的查询语句或者在查询结果返回后，使用其他编程语言（如 Python）进行计算。

Python 结果：

```
import pandas as pd

# 假设数据已经读取到 pandas DataFrame 中，变量名为 orders_df
# orders_df = pd.read_csv("your_data_file.csv") 或者从其他数据源加载

# 计算指标
result = orders_df.describe().transpose()

# 计算非空值个数
result['non_null'] = orders_df.count()

# 输出结果
print(result[['non_null', 'mean', '50%', 'min', 'max', 'std']])
```

在 SQL 结果中，给出了基本函数，但是没有给出中位数函数。Hive SQL 中虽然没有直接计算中位数的函数，但是可以借助分位数函数 `percentile` 实现，50% 分位数便是中位数。

在 Python 结果中，使用了 `describe` 函数，还是很不错的。我们在 Python 中概览数据时，就是使用该函数。但是 `describe` 函数的结果中已经包含了非空值计数，而 ChatGPT 又单独计算了一次。

6.2 数据预处理

本节仍以之前的数据为例，进行数据预处理。数据预处理主要包括缺失值填充、重复值删除、异常值删除或替换。接下来看看 ChatGPT 如何帮助我们完成这项工作。

6.2.1 ChatGPT 帮我做

来看第一种实现方式。下面是我们向 ChatGPT 输入的具体操作和数据集。

请基于我提供的数据集，依次执行以下操作，不需要展示具体过程，只需以表格形式返回处理后的结果。

1. 找出下列数据中的缺失值，并用这一列的均值进行填充，返回填充后的数据集
2. 将数据集中重复的行删除
3. 将年龄大于 40 的值视作异常值并替换为 40

具体的数据集：
订单 ID, 用户 ID, 产品 ID, 订单日期 , 用户性别 , 用户年龄
1001,101,10001,2023-04-01, 男 ,28
1002,101,10002,2023-04-02, 男 ,28
1003,102,10001,2023-04-01, 女 ,35
1004,102,10003,2023-04-02, 女 ,35
1005,103,10002,2023-04-01, 男 ,22
1006,104,10001,2023-04-01, 女 ,
1007,104,10003,2023-04-02, 女 ,
1008,105,10002,2023-04-01, 男 ,45
1009,105,10003,2023-04-02, 男 ,45
1010,106,10001,2023-04-01, 女 ,32

ChatGPT 收到上述内容后，返回如表 6-3 所示的结果。

表 6-3　返回结果

订单 ID	用户 ID	产品 ID	订单日期	用户性别	用户年龄
1001	101	10001	2023-04-01	男	28
1002	101	10002	2023-04-02	男	28
1003	102	10001	2023-04-01	女	35
1004	102	10003	2023-04-02	女	35
1005	103	10002	2023-04-01	男	22
1006	104	10001	2023-04-01	女	32
1007	104	10003	2023-04-02	女	32
1008	105	10002	2023-04-01	男	40
1009	105	10003	2023-04-02	男	40
1010	106	10001	2023-04-01	女	32

ChatGPT 没有输出哪一列有缺失值，而是直接对缺失值进行了填充，并对年龄大于 40 的值进行了替换。总体而言结果符合要求。

6.2.2 ChatGPT 告诉我

来看第二种实现方式，把数据结构以及具体要进行的操作描述清楚，然后发送给 ChatGPT。关于数据预处理，在 Excel 中实现起来比较简单，这里就不展开了，而主要展示在 SQL 和 Python 中如何实现。下面是我们向 ChatGPT 发送的具体内容。

现有一份数据，包含这几列：订单 ID、用户 ID、产品 ID、订单日期、用户性别、用户年龄。需要基于这份数据执行以下操作：

1. 找出下列数据中的缺失值，并用这一列的均值进行填充，返回填充后的数据集
2. 将数据集中重复的行删除
3. 将年龄大于 40 的值视作异常值并替换为 40

请分别列出上述操作对应的 Hive SQL 和 Python 实现代码。

ChatGPT 收到上述内容后，返回如下结果。

SQL 结果：

```
-- 1. 使用均值填充缺失值
WITH age_avg AS (
  SELECT AVG(user_age) AS avg_age
  FROM your_table_name
  WHERE user_age IS NOT NULL
),

filled_age AS (
  SELECT
    order_id,
    user_id,
    product_id,
    order_date,
    user_gender,
```

```
    COALESCE(user_age, (SELECT avg_age FROM age_avg)) AS user_age
  FROM your_table_name
)

-- 2. 删除重复的行并将年龄大于 40 的替换为 40
CREATE TABLE your_table_name_deduplicated AS
SELECT DISTINCT
  order_id,
  user_id,
  product_id,
  order_date,
  user_gender,
  CASE WHEN user_age > 40 THEN 40 ELSE user_age END AS user_age
FROM filled_age;
```

Python 结果：

```
import pandas as pd

# 假设数据存储在一个名为 data 的 DataFrame 中
data = pd.read_csv('your_data.csv')

# 1. 使用均值填充缺失值
data['用户年龄'].fillna(data['用户年龄'].mean(), inplace=True)

# 2. 删除重复的行
data.drop_duplicates(inplace=True)

# 3. 将年龄大于 40 的替换为 40
data.loc[data['用户年龄'] > 40, '用户年龄'] = 40
```

在 SQL 结果中，首先用 `WITH` 创建了一个临时表来存储年龄均值，然后将填充后的表存储在 `filled_age` 临时表中，最后对 `filled_age` 表进行去重以及对年龄大于 40 的进行替换。在实际工作中，只需创建一个临时表来存储年龄均值即可，缺失值填充、重复值处理、特殊值替换可以一起实现。

在 Python 结果中，准确给出了各个操作的函数代码，还是不错的。

6.3　数据选择

本节仍以之前的数据为例，进行数据选择。数据选择主要是根据实际需求选择特定的行或列。接下来看看 ChatGPT 如何帮助我们完成这项工作。

6.3.1　ChatGPT 帮我做

来看第一种实现方式。下面是我们向 ChatGPT 输入的具体操作和数据集。

> 请基于我提供的数据集，将订单日期为“2023-04-01”的女性用户的全部订单筛选出来。
>
> 具体的数据集：
> 订单 ID, 用户 ID, 产品 ID, 订单日期 , 用户性别 , 用户年龄
> 1001,101,10001,2023-04-01, 男 ,28
> 1002,101,10002,2023-04-02, 男 ,28
> 1003,102,10001,2023-04-01, 女 ,35
> 1004,102,10003,2023-04-02, 女 ,35
> 1005,103,10002,2023-04-01, 男 ,22
> 1006,104,10001,2023-04-01, 女 ,
> 1007,104,10003,2023-04-02, 女 ,
> 1008,105,10002,2023-04-01, 男 ,45
> 1009,105,10003,2023-04-02, 男 ,45
> 1010,106,10001,2023-04-01, 女 ,32

按照上面的指令，ChatGPT 返回如表 6-4 所示的结果。

表 6-4　返回结果

订单 ID	用户 ID	产品 ID	订单日期	用户性别	用户年龄
1003	102	10001	2023-04-01	女	35
1006	104	10001	2023-04-01	女	
1010	106	10001	2023-04-01	女	32

可以看到，ChatGPT 按照我们的要求完成了任务。

6.3.2 ChatGPT 告诉我

来看第二种实现方式。下面是我们向 ChatGPT 发送的具体内容。

> 现有一份数据，包含这几列：订单 ID、用户 ID、产品 ID、订单日期、用户性别、用户年龄。请基于这份数据将订单日期为“2023-04-01”的女性用户的全部订单筛选出来。请分别列出该操作对应的 Hive SQL 和 Python 实现代码。

按照上面的指令，ChatGPT 返回如下结果。

SQL 结果：

```
SELECT *
FROM your_table_name
WHERE order_date = '2023-04-01' AND user_gender = '女';
```

Python 结果：

```
import pandas as pd

# 假设数据已经存储在名为 data 的 pandas DataFrame 中
# 如果需要从 CSV 文件中读取数据，可以使用如下代码：
# data = pd.read_csv("your_csv_file.csv")

filtered_data = data[(data['订单日期'] == '2023-04-01') &
                     (data['用户性别'] == '女')]
```

因为数据选择相关的需求整体比较简单，所以 ChatGPT 给出的结果都没什么问题。

6.4 数值操作

本节仍以之前的数据为例，进行数值操作。数值操作主要是对数据进行替换、排序等操作。接下来看看 ChatGPT 如何帮助我们完成这项工作。

6.4.1 ChatGPT 帮我做

来看第一种实现方式。下面是我们向 ChatGPT 输入的具体操作和数据集。

请基于我提供的数据集，依次执行以下操作，只需返回最终结果即可。

1. 将年龄大于 40 的值替换成 40
2. 将数据按照订单日期进行升序排列
3. 新增一列数据，内容为该用户的上一笔订单日期

具体的数据集：
订单 ID, 用户 ID, 产品 ID, 订单日期 , 用户性别 , 用户年龄
1001,101,10001,2023-04-01, 男 ,28
1002,101,10002,2023-04-02, 男 ,28
1003,102,10001,2023-04-01, 女 ,35
1004,102,10003,2023-04-02, 女 ,35
1005,103,10002,2023-04-01, 男 ,22
1006,104,10001,2023-04-01, 女 ,
1007,104,10003,2023-04-02, 女 ,
1008,105,10002,2023-04-01, 男 ,45
1009,105,10003,2023-04-02, 男 ,45
1010,106,10001,2023-04-01, 女 ,32

ChatGPT 收到上述内容后，返回如表 6-5 所示的结果。

表 6-5 返回结果

订单 ID	用户 ID	产品 ID	订单日期	用户性别	用户年龄	上一笔订单日期
1001	101	10001	2023-04-01	男	28	None
1003	102	10001	2023-04-01	女	35	None
1005	103	10002	2023-04-01	男	22	None
1006	104	10001	2023-04-01	女		None
1008	105	10002	2023-04-01	男	40	None
1010	106	10001	2023-04-01	女	32	None
1002	101	10002	2023-04-02	男	28	2023-04-01

（续）

订单 ID	用户 ID	产品 ID	订单日期	用户性别	用户年龄	上一笔订单日期
1004	102	10003	2023-04-02	女	35	2023-04-01
1007	104	10003	2023-04-02	女		2023-04-01
1009	105	10003	2023-04-02	男	40	2023-04-01

可以看到，ChatGPT 给出的结果中，年龄已经按要求替换了，订单日期也升序排列了，新的一列也添加成功了，而按订单日期升序排列的操作导致新增的这一列看起来有点乱，但结果是正确的。

6.4.2 ChatGPT 告诉我

来看第二种实现方式。下面是我们向 ChatGPT 发送的具体内容。

现有一份数据，包含这几列：订单 ID、用户 ID、产品 ID、订单日期、用户性别、用户年龄。需要分别执行以下操作：

1. 将年龄大于 40 的值替换成 40
2. 将数据按照订单日期进行升序排列
3. 新增一列数据，内容为该用户的上一笔订单日期

请分别列出每一个操作对应的 Hive SQL 和 Python 实现代码。

ChatGPT 收到上述内容后，返回如下结果。

SQL 结果：

```
-- 1. 将年龄大于 40 的值替换成 40：
SELECT 订单 ID, 用户 ID, 产品 ID, 订单日期 , 用户性别 ,
       CASE WHEN 用户年龄 > 40 THEN 40 ELSE 用户年龄 END AS 用户年龄
FROM your_table;

-- 2. 将数据按照订单日期进行升序排列：
SELECT *
FROM your_table
ORDER BY 订单日期 ASC;
```

```
-- 3. 新增一列数据，内容为该用户的上一笔订单日期：
SELECT 订单 ID, 用户 ID, 产品 ID, 订单日期 , 用户性别 , 用户年龄 ,
       LAG( 订单日期 ) OVER (PARTITION BY 用户 ID ORDER BY 订单日期 ) AS 上一笔订单日期
FROM your_table;
```

Python 结果：

```
import pandas as pd

# 假设数据已经加载到名为 df 的 DataFrame 对象中
# 1. 将年龄大于 40 的值替换成 40
df[' 用户年龄 '] = df[' 用户年龄 '].apply(lambda x: min(x, 40))

# 2. 将数据按照订单日期进行升序排列
df.sort_values(by=' 订单日期 ', inplace=True)

# 3. 新增一列数据，内容为该用户的上一笔订单日期
df[' 上一笔订单日期 '] = df.groupby(' 用户 ID')[' 订单日期 '].shift(1)

# 查看处理后的结果
print(df)
```

SQL 结果的逻辑基本是准确的。这里主要看第三个操作，刚开始的实现逻辑是借助 ROW_NUMBER 函数，比较复杂，经过提示可以直接使用 LAG 函数以后（过程省略），ChatGPT 马上给出了正确的答案。

Python 结果的实现方式和代码完全正确。

6.5 数值运算

本节仍以之前的数据为例，进行数值运算。数值运算主要是对数据进行算术运算、比较运算、汇总运算等操作。接下来看看 ChatGPT 如何帮助我们完成这项工作。

6.5.1 ChatGPT 帮我做

来看第一种实现方式。下面是我们向 ChatGPT 输入的具体操作和数据集。

请基于我提供的数据集，分别执行以下操作并给出结果：

1. 将订单 ID 列和产品 ID 列进行相加，将相加结果生成新的一列
2. 对用户 ID 进行非重复值计数，返回计数结果

具体的数据集：
订单 ID, 用户 ID, 产品 ID, 订单日期 , 用户性别 , 用户年龄
1001,101,10001,2023-04-01, 男 ,28
1002,101,10002,2023-04-02, 男 ,28
1003,102,10001,2023-04-01, 女 ,35
1004,102,10003,2023-04-02, 女 ,35
1005,103,10002,2023-04-01, 男 ,22
1006,104,10001,2023-04-01, 女 ,
1007,104,10003,2023-04-02, 女 ,
1008,105,10002,2023-04-01, 男 ,45
1009,105,10003,2023-04-02, 男 ,45
1010,106,10001,2023-04-01, 女 ,32

ChatGPT 收到上述内容后，返回如下结果。

根据你提供的数据，我已经完成了所需的操作，结果如下。

将订单 ID 列和产品 ID 列进行相加，生成新列：
订单 ID, 用户 ID, 产品 ID, 订单日期 , 用户性别 , 用户年龄 , 订单 ID+ 产品 ID
1001,101,10001,2023-04-01, 男 ,28,11002
1002,101,10002,2023-04-02, 男 ,28,11004
1003,102,10001,2023-04-01, 女 ,35,11004
1004,102,10003,2023-04-02, 女 ,35,11007
1005,103,10002,2023-04-01, 男 ,22,11007
1006,104,10001,2023-04-01, 女 ,,11007
1007,104,10003,2023-04-02, 女 ,,11010

1008,105,10002,2023-04-01, 男 ,45,11010

1009,105,10003,2023-04-02, 男 ,45,11012

1010,106,10001,2023-04-01, 女 ,32,11011

对用户 ID 进行非重复值计数，返回计数结果。

非重复用户 ID 计数：6

可以看到，ChatGPT 按照我们的要求完成了任务。

6.5.2 ChatGPT 告诉我

来看第二种实现方式。下面是我们向 ChatGPT 发送的具体内容。

现有一份数据，包含这几列：订单 ID、用户 ID、产品 ID、订单日期、用户性别、用户年龄。需要分别执行以下操作：

1. 将订单 ID 列和产品 ID 列进行相加，将相加结果生成新的一列
2. 对用户 ID 进行非重复值计数，返回计数结果

请分别列出每一个操作对应的 Hive SQL 和 Python 实现代码。

ChatGPT 收到上述内容后，返回如下结果。

SQL 结果：

```
-- 两列求和操作
SELECT order_id,
user_id,
product_id,
order_date,
user_gender,
user_age,
order_id + product_id AS order_product_sum
FROM table_name;
```

```
-- 非空值计数操作
SELECT COUNT(DISTINCT user_id)
FROM table_name;
```

Python 结果：

```
import pandas as pd

# 假设数据已经加载到了 DataFrame 中
# df = pd.read_csv('your_data_file.csv')

# 直接给出相加后的新列
df['order_product_sum'] = df['订单 ID'] + df['产品 ID']

# 非空值计数
unique_user_count = df['用户 ID'].nunique()
```

上述 SQL 和 Python 的实现逻辑都是正确的。因为数值运算整体比较简单，所以这里就不举更多例子了，大家可以根据实际的业务需求进行调整。

6.6 数据分组

本节仍以之前的数据为例，进行数据分组。数据分组是按照某些维度先对数据进行分组，再对分组后的数据进行汇总运算。接下来看看 ChatGPT 如何帮助我们完成这项工作。

6.6.1 ChatGPT 帮我做

来看第一种实现方式。下面是我们向 ChatGPT 输入的具体操作和数据集。

请基于我提供的数据集，返回男女各自的订单数和用户数，只需提供结果即可。

具体的数据集：

订单 ID, 用户 ID, 产品 ID, 订单日期 , 用户性别 , 用户年龄

1001,101,10001,2023-04-01, 男 ,28

1002,101,10002,2023-04-02, 男 ,28

```
1003,102,10001,2023-04-01, 女 ,35
1004,102,10003,2023-04-02, 女 ,35
1005,103,10002,2023-04-01, 男 ,22
1006,104,10001,2023-04-01, 女 ,
1007,104,10003,2023-04-02, 女 ,
1008,105,10002,2023-04-01, 男 ,45
1009,105,10003,2023-04-02, 男 ,45
1010,106,10001,2023-04-01, 女 ,32
```

ChatGPT 收到上述内容后，返回如下结果。

基于你提供的数据集，以下是男女各自的订单数和用户数。

男性:

- 订单数 5
- 用户数 3

女性:

- 订单数 5
- 用户数 3

可以看到，ChatGPT 按照我们的要求完成了任务。

6.6.2 ChatGPT 告诉我

来看第二种实现方式。下面是我们向 ChatGPT 发送的具体内容。

现有一份数据，包含这几列：订单 ID、用户 ID、产品 ID、订单日期、用户性别、用户年龄。需要返回男性和女性各自的订单数和用户数。

请分别列出每一个操作对应的 Hive SQL 和 Python 实现代码。

ChatGPT 收到上述内容后，返回如下结果。

SQL 结果：

```
SELECT
  用户性别,
  COUNT(DISTINCT 订单 ID) AS 订单数,
  COUNT(DISTINCT 用户 ID) AS 用户数
FROM 数据表
GROUP BY 用户性别;
```

Python 结果：

```
import pandas as pd

# 读取数据
data = pd.read_csv('数据文件.csv')

# 分组统计订单数和用户数
result = data.groupby('用户性别').agg(订单数=('订单 ID', 'nunique'),
                                     用户数=('用户 ID', 'nunique'))

print(result)
```

上述 SQL 和 Python 的实现逻辑都是正确的。

6.7 时间序列分析

本节仍以之前的数据为例，进行时间序列分析。时间序列分析的操作主要有时间格式互换、时间索引、时间运算等。接下来看看 ChatGPT 如何帮助我们完成这项工作。

6.7.1 ChatGPT 帮我做

来看第一种实现方式。下面是我们向 ChatGPT 输入的具体操作和数据集。

请基于我提供的数据集，依次执行以下操作，只需返回结果即可：

1. 提取订单日期中的日部分，存储在新的一列中
2. 将订单日期向前滑动 30 天，存储在新的一列中
3. 将订单日期为“2023-04-01”的数据筛选出来

具体的数据集：
订单 ID, 用户 ID, 产品 ID, 订单日期 , 用户性别 , 用户年龄
1001,101,10001,2023-04-01, 男 ,28
1002,101,10002,2023-04-02, 男 ,28
1003,102,10001,2023-04-01, 女 ,35
1004,102,10003,2023-04-02, 女 ,35
1005,103,10002,2023-04-01, 男 ,22
1006,104,10001,2023-04-01, 女 ,
1007,104,10003,2023-04-02, 女 ,
1008,105,10002,2023-04-01, 男 ,45
1009,105,10003,2023-04-02, 男 ,45
1010,106,10001,2023-04-01, 女 ,32

ChatGPT 收到上述内容后，返回如表 6-6 所示的结果。

表 6-6 返回结果

订单 ID	用户 ID	产品 ID	订单日期	用户性别	用户年龄	日	提前 30 天
1001	101	10001	2023-04-01	男	28	1	2023-03-02
1003	102	10001	2023-04-01	女	35	1	2023-03-02
1005	103	10002	2023-04-01	男	22	1	2023-03-02
1006	104	10001	2023-04-01	女		1	2023-03-02
1008	105	10002	2023-04-01	男	45	1	2023-03-02
1010	106	10001	2023-04-01	女	32	1	2023-03-02

可以看到，ChatGPT 按照我们的要求完成了任务。

6.7.2 ChatGPT 帮我做

来看第二种实现方式。下面是我们向 ChatGPT 发送的具体内容。

现有一份数据，包含这几列：订单 ID、用户 ID、产品 ID、订单日期、用户性别、用户年龄。需要依次执行如下操作：

1. 提取订单日期中的日部分，存储在新的一列中
2. 将订单日期向前滑动 30 天，存储在新的一列中
3. 将订单日期为“2023-04-01”的数据筛选出来

请分别列出每一个操作对应的 Hive SQL 和 Python 实现代码。

ChatGPT 收到上述内容后，返回如下结果。

SQL 结果：

```
-- 提取日部分
SELECT *, DAY(订单日期) AS 日 FROM your_table_name;

-- 向前滑动 30 天
SELECT *, DATE_ADD(订单日期, -30) AS 提前30天 FROM your_table_name;

-- 筛选数据
SELECT * FROM your_table_name WHERE 订单日期 = '2023-04-01';
```

Python 结果：

```
import pandas as pd

# 假设数据已经读取到名为 df 的 pandas DataFrame 中

# 提取日部分
df['日'] = pd.to_datetime(df['订单日期']).dt.day

# 向前滑动 30 天
df['提前30天'] = pd.to_datetime(df['订单日期']) - pd.Timedelta(days=30)

# 筛选数据
filtered_df = df[df['订单日期'] == '2023-04-01']
```

上述 SQL 和 Python 的实现逻辑都是正确的。

第 7 章

ChatGPT 在综合数据处理中的应用

前面讲了如何利用 ChatGPT 处理数据。这些数据操作更多是单一维度的，在实际工作中，一个需求往往需要多个单一操作的组合才能完成。但因为目前我们无法给 ChatGPT 传入太多数据，它也无法直接读取 Excel 或数据库文件，所以在利用 ChatGPT 进行综合数据处理时，更多是让其根据需求给出操作流程，然后我们人工按照流程去实现。本章将展示一些综合性、实操性的案例。

7.1 案例 1：多条件数据匹配合并

在 Excel 中，单一条件的匹配合并比较简单，只需一个简单的 VLOOKUP 函数即可实现。而多条件匹配合并稍微有些难度，仅靠简单的 VLOOKUP 函数无法实现。来看一个用 ChatGPT 进行多条件匹配的案例。发送如下内容给 ChatGPT。

假设某公司有两个 Excel 表格，表 1 存储商品价格信息（包括商品 ID、日期、价格），表 2 存储订单信息（包括商品 ID、日期、销量）。因为价格每天都会变，所以需要将这两个表格同时根据商品 ID 和日期进行匹配合并，生成一个新表（包括商品 ID、日期、价格、销量）。请给出详细的 Excel 实现步骤。

ChatGPT 收到上述内容以后，返回如下结果。

要将这两个 Excel 表格根据商品 ID 和日期进行匹配合并，可以使用以下步骤。

假设我们有两个 Excel 表格，表 1 为商品价格信息，表 2 为订单信息。

表 1（商品价格信息）：

商品 ID	日期	价格
101	2023-04-01	10
102	2023-04-01	15
103	2023-04-01	20
101	2023-04-02	12
102	2023-04-02	14
103	2023-04-02	21

表 2（订单信息）：

商品 ID	日期	销量
101	2023-04-01	50
102	2023-04-01	30
103	2023-04-01	20
101	2023-04-02	45
102	2023-04-02	35
103	2023-04-02	25

步骤 1：打开 Excel 并加载这两个表格。创建一个新的表格，用于存储合并后的数据。

步骤 2：在新表格中创建 4 个列标题：商品 ID、日期、销量、价格。

步骤 3：将表 2 中的数据复制到新表格的商品 ID、日期和销量列中。

步骤 4：使用 INDEX 和 MATCH 函数组合在新表格中查找价格信息。在新表格的价格列中，输入以下公式：

```
=INDEX(表1!C2:C7, MATCH(表2!A2&表2!B2, 表1!A2:A7&表1!B2:B7, 0))
```

注意：在使用这个公式之前，请确保已经将两个日期列的单元格设置为日期格式。

步骤 5：选中价格列中的公式，然后按 Ctrl + Shift + Enter 组合键，使其成为数组公式。Excel 将在公式周围添加大括号（{}）以表示它是一个数组公式。

步骤 6：将价格列中的数组公式向下拖动，使其应用于所有行。

完成以上步骤后，新的表格将显示每个订单的商品 ID、日期、销量和价格信息，实现了根据商品 ID 和日期进行匹配合并。

新表格：

商品 ID	日期	销量	价格
101	2023-04-01	50	10
102	2023-04-01	30	15
103	2023-04-01	20	20
101	2023-04-01	45	12
102	2023-04-01	35	14
103	2023-04-01	25	21

完成以上步骤后，新表格将显示每个订单的商品 ID、日期、销量和价格信息。这样，我们就成功地根据商品 ID 和日期将两个表格进行了匹配合并。现在可以对这个新表格进行分析，例如计算每日的销售额、利润等。

ChatGPT 不仅给出了详细的操作步骤，还给出了相应的样例数据。大家可以跟着实现一遍，得出的结果也是正确的。

7.2 案例 2：分类排序

排序也是比较常用的一种操作。简单的排序比较好实现，直接用 Excel 的 RANK 函数即可。分类排序稍微难一点，无法直接通过 RANK 函数实现。来看一个用 ChatGPT 进行分类排序的案例。发送如下内容给 ChatGPT。

现有一张 Excel 历史订单数据表（包含订单 ID、订单日期、商品 ID、品类 ID、销量），需要根据这张表得到每个品类 ID 内部的商品 ID 销量排名情况。在该表中商品 ID 有重复，需要先进行聚合。请给出详细的 Excel 实现步骤。

ChatGPT 收到上述内容以后，返回如下结果。

为了根据这张订单数据表得到每个品类 ID 内部的商品 ID 销量排名，需要先对商品 ID 进行聚合。我们可以使用 Excel 的数据透视表功能来实现这个目标。

1. 首先，在原始数据表上点击“插入”选项卡，然后选择“数据透视表”。
2. 在“创建数据透视表”对话框中，确认数据区域包含所有的数据，然后选择一个新工作表作为数据透视表的位置。
3. 在新工作表中，将会看到一个空白的数据透视表和一个“数据透视表字段”窗格。在“数据透视表字段”窗格中，将品类 ID 字段拖动到“行”区域，将商品 ID 字段拖动到“行”区域（在品类 ID 字段的下方），将销量字段拖动到“值”区域。默认情况下，Excel 将对销量字段执行求和操作。这将按品类 ID 和商品 ID 对销量进行聚合。
4. 现在，我们需要将聚合后的数据复制到一个新的表格中。首先，在数据透视表上选择所有聚合后的数据（包括品类 ID、商品 ID 和销量），然后按 Ctrl + C 组合键复制。
5. 在新的工作表中，将复制的数据粘贴为值。这样，我们就有了一个聚合后的销量数据表。
6. 接下来，我们需要计算每个品类 ID 内部的商品 ID 销量排名。在新表格中，为每个品类 ID 和商品 ID 组合添加一个新列“排名”。
7. 在排名列中，输入以下公式：

   ```
   =RANK.EQ(C2, $C$2:$C$7, 1)
   ```

   这个公式将计算当前行的销量在同一品类 ID 中的排名。请注意，需要将 $C$2:$C$7 更改为实际销量列的范围。

8. 将排名列中的公式向下拖动，使其应用于所有行。

完成以上步骤后，新表格将显示每个品类 ID 内部的商品 ID 销量排名情况。可以根据需要对新表格进行筛选或排序，以查看不同品类的销量排名数据。

ChatGPT 给出的前几个步骤没有问题，先利用数据透视表将不同商品 ID 的销量进行聚合。但是对聚合后的销量进行排名时，ChatGPT 先将特定的品类筛选出来，再使用 RANK 函数，这明显不是我们想要的——我们想同时将不同品类内部的销量排名展示出来。可以指出其回答中存在的问题，发送如下内容给 ChatGPT。

这个排名公式不对吧？需要把所有品类 ID 内部的商品 ID 销量排名情况展示出来，而不是通过筛选的方式。

ChatGPT 收到上述内容以后，返回如下结果。

抱歉，刚刚的回答没有达到你的要求，我将提供一个新的方法来实现你需要的功能。

1. 创建一个新工作表，我们将在这个新表中处理聚合和排名。
2. 将原始订单数据表中的品类 ID、商品 ID 和销量复制到新工作表中。
3. 在新工作表的 D 列中，计算品类 ID 和商品 ID 组合的销量总和。在 D2 单元格中输入以下公式：

   =SUMIFS(原数据表！销量列 , 原数据表！品类 ID 列 , A2, 原数据表！商品 ID 列 , B2)

   请将原数据表！销量列、原数据表！品类 ID 列和原数据表！商品 ID 列替换为实际的列引用。

4. 将 D2 单元格中的公式向下拖动，使其应用于所有行。
5. 选中 A、B 和 D 列中的数据，点击“数据”选项卡，然后选择“删除重复项”。在弹出的“删除重复项”对话框中，确保勾选所有列，接着点击“确定”。这将删除品类ID和商品ID组合的重复项，只保留唯一的品类ID和商品ID组合及其销量总和。
6. 在 E 列中，计算每个品类 ID 内部的商品 ID 销量排名。在 E2 单元格中，输入以下数组公式：

   =SUM(1*(($A$2:$A$7=A2)*($D$2:$D$7>D2)))+1

   将 $A$2:$A$7 和 $D$2:$D$7 替换为实际的品类 ID 和销量列的范围。

7. 在输入公式后，不要按下回车键，而是按下 Cmd + Shift + Enter（macOS 系统）或 Ctrl + Shift + Enter（Windows 系统）将其转换为数组公式。这将在公式两侧自动添加大括号（{}）。
8. 将 E2 单元格中的数组公式向下拖动，使其应用于所有行。

完成以上步骤后，新工作表将显示每个品类 ID 内部的商品 ID 销量排名情况。无须筛选，所有品类的排名都会展示在新工作表中。

可以让 ChatGPT 生成一份样例数据，结果如表 7-1 所示。

表 7-1 样例数据

订单 ID	订单日期	商品 ID	品类 ID	销量
1001	2023-01-01	A001	1	5
1002	2023-01-01	A002	1	3
1003	2023-01-02	A001	1	6
1004	2023-01-02	A003	1	8
1005	2023-01-02	B001	2	10
1006	2023-01-03	B002	2	4
1007	2023-01-03	B003	2	7

用这份样例数据根据上述步骤操作一遍，最后得出的结果就是我们想要的。

7.3 案例 3：多表合并与拆分

多表的合并与拆分也是比较高频的操作。很多时候大家苦于没有好的办法，只能手动处理，效率很低。来看一个用 ChatGPT 进行多表合并与拆分的案例。发送如下内容给 ChatGPT。

有三张分城市的订单数据表（包含订单 ID、订单日期、订单城市、订单金额），每张表存储该城市的订单信息。现需要先将这三张表合并成一张表，再将合并后的表根据订单城市分拆成三张表。请给出在 Excel 中实现合并与拆分的具体实现步骤。

ChatGPT 收到上述内容以后，返回如下结果。

要实现这个需求，首先我们需要将三张城市订单数据表合并成一张表，然后再将合并后的表根据订单城市分拆成三张表。以下是在 Excel 中实现此需求的具体步骤。

1. 合并三张表。

   a. 将第一张城市订单数据表的数据复制并粘贴到一个新工作表中。
   b. 复制第二张城市订单数据表的数据，然后在新工作表中找到第一个空白行并粘贴数据。注意，不要复制标题行，只需要复制数据。
   c. 复制第三张城市订单数据表的数据，然后在新工作表中找到第一个空白行并粘贴数据。同样，不要复制标题行。

完成以上步骤后，你应该在新工作表中得到一个包含所有城市订单数据的合并表。

2. 将合并后的表根据订单城市分拆成三张表。

   a. 在一个新工作表中，创建一个与合并表相同的标题行。
   b. 在合并表上，选择“数据”选项卡，然后点击“排序”，根据订单城市列对数据进行排序。
   c. 现在数据已经根据订单城市进行了排序，接下来在合并表中找到第一个城市的订单数据（从第一个城市的第一行数据开始，到最后一个城市第一行数据的上一行结束）。复制这部分数据，然后将其粘贴到第 2 步创建的新工作表中。
   d. 重复步骤 a 到 c，为另外两个城市创建新的工作表，并将相应的城市订单数据粘贴到新的工作表中。

完成以上步骤后，你将得到三个新的工作表，每个工作表包含一个城市的订单数据。这些工作表是根据合并表中的订单城市信息进行拆分的。

ChatGPT 可能认为只有三张表的话，手动处理要比写 VBA 代码更高效。确实如此，但我们想要的其实是 VBA 代码。发送如下内容给 ChatGPT。

如果有 100 张表，有没有自动化的处理办法?

ChatGPT 收到上述内容以后，返回如下结果。

如果有 100 张表，手动合并和拆分会非常耗时。在这种情况下，可以使用 VBA（Visual Basic for Applications）编写一个宏来自动完成这个任务。以下是一个可以实现合并和拆分的 VBA 宏示例：

```
Sub CombineAndSplit()
    ' 合并表格
    Dim ws As Worksheet
    Dim combinedWS As Worksheet
    Set combinedWS = ThisWorkbook.Worksheets.Add
    combinedWS.Name = "Combined"

    ' 复制第一个表的标题行
    Worksheets(1).Rows(1).Copy Destination:=combinedWS.Rows(1)
```

```
    ' 遍历所有表格（除了 Combined），合并数据
    Dim lastRow As Long
    For Each ws In ThisWorkbook.Worksheets
        If ws.Name <> "Combined" Then
            lastRow = combinedWS.Cells(Rows.Count, 1).End(xlUp).Row
            ws.Range("A2", ws.Cells(Rows.Count, 1).End(xlUp)).EntireRow.Copy
Destination:=combinedWS.Cells(lastRow + 1, 1)
        End If
    Next ws

    ' 按订单城市对合并后的表进行排序
    combinedWS.Range("A1", combinedWS.Cells(Rows.Count, 4).End(xlUp)).Sort
Key1:=combinedWS.Columns(3), Order1:=xlAscending, Header:=xlYes

    ' 拆分表格
    Dim city As String
    Dim cityStartRow As Long
    Dim cityEndRow As Long
    Dim newWS As Worksheet

    cityStartRow = 2
    city = combinedWS.Cells(cityStartRow, 3).Value

    For i = 2 To lastRow + 1
        If combinedWS.Cells(i, 3).Value <> city Then
            cityEndRow = i - 1
            Set newWS = ThisWorkbook.Worksheets.Add
            newWS.Name = city
            combinedWS.Rows(1).Copy Destination:=newWS.Rows(1)
            combinedWS.Range(combinedWS.Cells(cityStartRow, 1), combinedWS.
Cells(cityEndRow, 4)).Copy Destination:=newWS.Rows(2)
            cityStartRow = i
            city = combinedWS.Cells(cityStartRow, 3).Value
        End If
    Next i

    ' 处理最后一个城市
    cityEndRow = combinedWS.Cells(Rows.Count, 1).End(xlUp).Row
    Set newWS = ThisWorkbook.Worksheets.Add
    newWS.Name = city
    combinedWS.Rows(1).Copy Destination:=newWS.Rows(1)
    combinedWS.Range(combinedWS.Cells(cityStartRow, 1), combinedWS.Cells(cityEndRow,
4)).Copy Destination:=newWS.Rows(2)

End Sub
```

要运行此宏，请按以下步骤操作。

1. 在 Excel 中打开包含 100 张表的工作簿。
2. 按 Alt + F11 组合键打开 VBA 编辑器。
3. 在 VBA 编辑器中，点击“插入”→“模块”。
4. 在新模块的代码窗口中，粘贴上面的 VBA 宏代码。
5. 按 Ctrl + S 组合键保存代码。
6. 按 F5 键运行宏。

运行此宏后，它将自动执行以下操作。

1. 创建一个名为“Combined”的新工作表。
2. 将所有工作表的数据合并到“Combined”工作表中（假设所有工作表具有相同的列标题和结构）。
3. 按照订单城市对“Combined”工作表进行排序。
4. 根据订单城市拆分数据，并将每个城市的数据复制到一个新的工作表中，工作表名称为城市名称。

请注意，此宏假设所有工作表的结构相同，且没有重复的城市名称。如果你的实际情况与此不同，请根据需要调整宏代码。

在运行宏之前，建议先备份原始数据，以防万一。另外，VBA 宏在不同版本的 Excel 中可能存在兼容性问题，所以请确保在运行宏之前测试并调整代码以适应你的 Excel 版本。

可以看到，ChatGPT 给出了自动实现合并与拆分的 VBA 代码，我们只需根据实际情况稍微调整即可。我们还可以让 ChatGPT 给出相应的 Python 代码。发送如下内容给 ChatGPT。

如果要用 Python 实现上述需求，请给出实现代码。

ChatGPT 收到上述内容以后，返回如下结果。

要使用 Python 实现合并和拆分的功能，可以使用 pandas 库。以下是一个可以完成这个任务的 Python 代码示例：

```
import pandas as pd
import os
# 读取文件夹内的所有 Excel 文件
folder_path = "path/to/your/excel/files"
all_files = os.listdir(folder_path)
excel_files = [file for file in all_files if file.endswith(".xlsx")]
# 合并所有表格
combined_df = pd.DataFrame()
for file in excel_files:
    file_path = os.path.join(folder_path, file)
    temp_df = pd.read_excel(file_path)
    combined_df = combined_df.append(temp_df, ignore_index=True)
# 按订单城市拆分数据
city_dfs = combined_df.groupby('订单城市')
# 为每个城市创建一个新的 Excel 文件
output_folder = "path/to/output/folder"
for city, city_df in city_dfs:
    output_file = os.path.join(output_folder, f"{city}.xlsx")
    city_df.to_excel(output_file, index=False)
```

首先，确保你已经安装了 pandas 库。如果没有，请使用以下命令安装：

```
pip install pandas
```

在运行代码之前，请将 `folder_path` 变量更改为包含所有原始 Excel 文件的文件夹路径，将 `output_folder` 变量更改为要保存新生成的 Excel 文件的文件夹路径。

运行此代码后，它将执行以下操作。

1. 读取指定文件夹内的所有 Excel 文件。
2. 使用 pandas 将所有表格数据合并到一个 `DataFrame` 中。
3. 按订单城市对合并后的数据进行分组。
4. 为每个城市创建一个新的 Excel 文件，文件名为城市名称。

ChatGPT 完美地给出了自动实现多表合并与拆分的 Python 代码，我们可以直接复制使用。

7.4　案例 4：累计销量计算

直接聚合运算比较简单，比它稍微难一点的是累计聚合运算，我们来问 ChatGPT 如何实现。发送如下内容给 ChatGPT。

有一张销售人员销量表 sale_table，表中包含 suid、日期 sdate、销量。现需要根据这张表计算随着时间的推移，每个 suid 的累计销量。请给出 Hive SQL 的实现逻辑代码。

ChatGPT 收到上述内容以后，返回如下结果。

要计算每个 suid 随着时间推移的累计销量，可以使用 Hive 中的 SUM 窗口函数。以下是一个基于 sale_table 表的查询示例：

```
SELECT
  suid,
  sdate,
  SUM(sales_volume) OVER (PARTITION BY suid ORDER BY sdate ROWS BETWEEN UNBOUNDED
PRECEDING AND CURRENT ROW) AS cumulative_sales_volume
FROM
  sale_table
ORDER BY
  suid,
  sdate;
```

这个查询使用 SUM 窗口函数来计算每个 suid 的累计销量。PARTITION BY 子句将数据按 suid 进行分组，然后 ORDER BY 子句按日期对每个分组进行排序。ROWS BETWEEN UNBOUNDED PRECEDING AND CURRENT ROW 指定窗口范围从分组开始到当前行，从而实现累计销量计算。请注意，这个查询假设你已经创建了一个名为 sale_table 的 Hive 表，并将你的销售数据导入了这个表中。如有需要，请根据实际情况调整表名和列名。

ChatGPT 不仅给出了实现代码，还给出了关于代码中各部分的解释说明。

7.5　案例 5：用户留存率计算

留存率是数据分析中一个比较关键的指标，其计算也成了一个高频需求，我们来问 ChatGPT 如何实现。发送如下内容给 ChatGPT。

有一张用户活跃表 user_table，表中包含了 uid、活跃日期 actday，现需要根据这张表计算每天活跃用户的次日留存率、3 日留存率和 7 日留存率。请给出 Hive SQL 的实现逻辑代码。

ChatGPT 收到上述内容以后，返回如下结果。

要计算每天活跃用户的次日留存率、3 日留存率和 7 日留存率，需要首先计算每个用户在活跃日期之后的 1 天、3 天、7 天内是否再次活跃，然后计算每个日期的留存率。以下是一个使用 Hive SQL 实现此功能的示例：

```
WITH user_activity AS (
  SELECT
    t1.uid,
    t1.actday,
    t2.actday AS next_actday,
    datediff(t2.actday, t1.actday) AS days_diff
  FROM
    user_table t1
  JOIN
    user_table t2
  ON
    t1.uid = t2.uid
  WHERE
    t2.actday > t1.actday
),
retention AS (
  SELECT
    actday,
    COUNT(DISTINCT uid) AS active_users,
    COUNT(DISTINCT CASE WHEN days_diff = 1 THEN uid ELSE NULL END) AS d1_retained_users,
    COUNT(DISTINCT CASE WHEN days_diff = 3 THEN uid ELSE NULL END) AS d3_retained_users,
    COUNT(DISTINCT CASE WHEN days_diff = 7 THEN uid ELSE NULL END) AS d7_retained_users
  FROM
    user_activity
  GROUP BY
    actday
)
SELECT
  actday,
```

```
  active_users,
  d1_retained_users / active_users AS d1_retention_rate,
  d3_retained_users / active_users AS d3_retention_rate,
  d7_retained_users / active_users AS d7_retention_rate
FROM
  retention
ORDER BY
  actday;
```

这个查询首先创建一个 `user_activity` 临时表，它包含了每个用户在活跃日期后的下一个活跃日期和日期差。然后，我们创建一个 `retention` 临时表，根据 `actday`（活跃日期）对 `user_activity` 进行分组，并计算每个活跃日期的活跃用户数量、次日留存用户数量、3 日留存用户数量和 7 日留存用户数量。最后，我们计算每个活跃日期的次日留存率、3 日留存率和 7 日留存率，并按活跃日期排序。

请注意，这个查询假设你已经创建了一个名为 `user_table` 的 Hive 表，并将你的用户活跃数据导入了这个表中。如有需要，请根据实际情况调整表名和列名。

ChatGPT 给出的结果有点问题，`user_table` 和 `user_table` 之间是用 `JOIN` 连接的，这会忽略那些没有留存的用户，而在计算留存率时，没有留存的应该算在分母里。我们给出修改提示，发送如下内容给 ChatGPT。

`user_table` 表在进行自连接时，是不是不应该使用 `JOIN`，而应该使用 `LEFT JOIN` 呢?

ChatGPT 收到上述内容以后，返回如下结果。

对于这个问题，如果我们想要保留没有匹配到的行，那么使用 `LEFT JOIN` 而不是 `JOIN`（默认为 `INNER JOIN`）可能更合适。这样，我们可以确保查询结果中包含所有的活跃日期，即使在某些日期没有留存用户时，也可以计算出正确的留存率。

以下是使用 `LEFT JOIN` 的查询示例：

```
WITH user_activity AS (
  SELECT
    t1.uid,
```

```
    t1.actday,
    datediff(t2.actday, t1.actday) AS days_diff
  FROM
    user_table t1
  LEFT JOIN
    user_table t2
  ON
    t1.uid = t2.uid AND t2.actday > t1.actday
),
retention AS (
  SELECT
    actday,
    COUNT(DISTINCT uid) AS active_users,
    COUNT(DISTINCT CASE WHEN days_diff = 1 THEN uid ELSE NULL END) AS d1_retained_users,
    COUNT(DISTINCT CASE WHEN days_diff = 3 THEN uid ELSE NULL END) AS d3_retained_users,
    COUNT(DISTINCT CASE WHEN days_diff = 7 THEN uid ELSE NULL END) AS d7_retained_users
  FROM
    user_activity
  GROUP BY
    actday
)
SELECT
  actday,
  active_users,
  d1_retained_users / active_users AS d1_retention_rate,
  d3_retained_users / active_users AS d3_retention_rate,
  d7_retained_users / active_users AS d7_retention_rate
FROM
  retention
ORDER BY
  actday;
```

使用 LEFT JOIN 可以确保查询结果中包含所有的活跃日期，而不仅仅是那些匹配到留存用户的日期。然后我们可以按照活跃日期计算次日留存率、3 日留存率和 7 日留存率。

修改以后的结果是正确的，但是因为它的实现逻辑是先创建两个临时表，所以看起来比较冗余，我们可以让其进行修改。发送如下内容给 ChatGPT。

不要创建临时表，直接基于 user_table 表给出结果。

ChatGPT 收到上述内容以后，返回如下结果。

基于 user_table 表，我们可以通过以下 Hive SQL 查询来直接计算每天活跃用户的次日留存率、3 日留存率、7 日留存率，而不创建临时表：

```
SELECT
  t1.actday,
  COUNT(DISTINCT t1.uid) AS active_users,
  COUNT(DISTINCT CASE WHEN datediff(t2.actday, t1.actday) = 1 THEN t1.uid ELSE
  NULL END) AS d1_retained_users,
  COUNT(DISTINCT CASE WHEN datediff(t2.actday, t1.actday) = 3 THEN t1.uid ELSE
  NULL END) AS d3_retained_users,
  COUNT(DISTINCT CASE WHEN datediff(t2.actday, t1.actday) = 7 THEN t1.uid ELSE
  NULL END) AS d7_retained_users
FROM
  user_table t1
LEFT JOIN
  user_table t2
  ON t1.uid = t2.uid AND t2.actday > t1.actday
GROUP BY
  t1.actday
ORDER BY
  t1.actday;
```

这个查询首先对 user_table 进行自连接，匹配同一用户在不同日期的活跃记录。然后，我们根据 actday（活跃日期）对结果进行分组，并计算每个活跃日期的活跃用户数量、次日留存用户数量、3 日留存用户数量和 7 日留存用户数量。请注意，这个查询假设你已经创建了一个名为 user_table 的 Hive 表，并将你的用户活跃数据导入了这个表中。如有需要，请根据实际情况调整表名和列名。

这次的结果就可以了，但是按照这个实现逻辑操作只能得到留存用户数，我们需要自己再除以活跃用户数才能得到相应的留存率。

7.6 案例 6：用户连续活跃天数获取

用户连续活跃天数有点类似于留存率指标，也能反映用户留存情况，其实现逻辑稍微有些难度，我们来问 ChatGPT 如何实现。发送如下内容给 ChatGPT。

有一张用户活跃表 user_table，表中包含了 uid、活跃日期 actday，现需要根据这张表计算每个用户的最长连续活跃天数。请给出 Hive SQL 的实现逻辑代码，不要创建临时表。

ChatGPT 收到上述内容以后，返回如下结果。

以下是在 Hive 中计算每个用户最长连续活跃天数的 SQL 代码，不需要创建临时表：

```
SELECT
  uid,
  MAX(consecutive_days) AS max_consecutive_days
FROM (
  SELECT
    uid,
    COUNT(*) AS consecutive_days
  FROM (
    SELECT
      uid,
      actday,
      DATE_ADD(actday, - ROW_NUMBER() OVER (PARTITION BY uid ORDER BY actday)) AS
group_id
    FROM
      user_table
  ) t
  GROUP BY
    uid,
    group_id
) t2
GROUP BY
  uid
ORDER BY
  max_consecutive_days DESC;
```

此查询首先将用户活动表中的每个记录与其前面的记录进行比较，以查找每个用户的活跃日期是否连续。这是通过将每个记录的日期减去为其分配的行号来完成的，该行号是根据分组和日期排序确定的。然后，查询结果按照用户 ID 和分组 ID 进行分组，以查找每个用户在每个分组中的连续活跃天数。最后，结果按最长连续活跃天数进行排序，并将每个用户的最长连续活跃天数输出。

上述代码涉及多层嵌套，一下子看不懂也没有关系。我们可以让 ChatGPT 分步给出子查询的结果，这样更容易理解。发送如下内容给 ChatGPT。

> 请用一份样例数据演示上述每一个子查询过程。

ChatGPT 收到上述内容以后，返回如下结果。

假设以下是一个示例用户活跃表 user_table：

```
uid | actday
----|------------
1   | 2022-01-01
1   | 2022-01-02
1   | 2022-01-03
1   | 2022-01-06
1   | 2022-01-07
2   | 2022-01-01
2   | 2022-01-03
2   | 2022-01-04
2   | 2022-01-05
2   | 2022-01-06
```

第一个子查询结果：

```
SELECT
  uid,
  actday,
  DATE_ADD(actday, - ROW_NUMBER() OVER (PARTITION BY uid ORDER BY actday)) AS group_id
FROM
  user_table;

uid | actday       | group_id
----|------------|------------
1   | 2022-01-01 | 2022-01-01
1   | 2022-01-02 | 2022-01-01
1   | 2022-01-03 | 2022-01-01
1   | 2022-01-06 | 2022-01-03
1   | 2022-01-07 | 2022-01-03
2   | 2022-01-01 | 2022-01-01
```

```
2   | 2022-01-03  | 2022-01-02
2   | 2022-01-04  | 2022-01-02
2   | 2022-01-05  | 2022-01-02
2   | 2022-01-06  | 2022-01-02
```

第二个子查询结果：

```
SELECT
  uid,
  COUNT(*) AS consecutive_days
FROM (
  SELECT
    uid,
    actday,
    DATE_ADD(actday, - ROW_NUMBER() OVER (PARTITION BY uid ORDER BY actday)) AS
group_id
FROM
  user_table
) t
GROUP BY
  uid,
  group_id;

uid | consecutive_days
----|------------------
1   | 3
1   | 2
2   | 1
2   | 4
```

最终查询结果：

```
SELECT
  uid,
  MAX(consecutive_days) AS max_consecutive_days
FROM (
  SELECT
    uid,
    COUNT(*) AS consecutive_days
  FROM (
    SELECT
```

```
      uid,
      actday,
      DATE_ADD(actday, - ROW_NUMBER() OVER (PARTITION BY uid ORDER BY actday)) AS
group_id
    FROM
      user_table
    ) t
  GROUP BY
    uid,
    group_id
  ) t2
GROUP BY
  uid
ORDER BY
  max_consecutive_days DESC;
```

uid	max_consecutive_days
2	4
1	3

根据这个例子，我们可以看到，第一个子查询将每个用户的活跃日期按照其连续性分组，并为每个组分配一个 group_id；第二个子查询计算每个用户在每个分组中的连续活跃天数；最终查询将获取每个用户的最长连续活跃天数。

ChatGPT 给出了每一步的执行结果，但是第一个子查询 group_id 的结果是错误的：group_id 用当前行的日期减去 ROW_NUMBER() 的结果，而 ROW_NUMBER() 的值是从 1 开始的，所以 actday 和 group_id 列至少应该差 1。不过这不影响最终结果，把 ROW_NUMBER() 的值当作从 0 开始就好了。

7.7 案例 7：用户共同好友数获取

共同好友数获取是一个逻辑简单但不太容易解决的问题，我们来问 ChatGPT 如何处理。发送如下内容给 ChatGPT。

有一张用户好友表 friend_table，表中包含了 uid 及其好友 tuid，现需要根据这张表计算任意两个用户之间的共同好友数。请给出 Hive SQL 的实现逻辑代码。

ChatGPT 收到上述内容以后，返回如下结果。

可以通过自连接的方式实现该功能，具体如下：

```
SELECT a.uid, b.uid, COUNT(*) AS common_friends_num
FROM friend_table a
JOIN friend_table b
ON a.tuid = b.tuid AND a.uid < b.uid
GROUP BY a.uid, b.uid;
```

其中，首先我们通过自连接将表 `friend_table` 按照 `tuid` 进行 `JOIN` 操作，得到所有两个不同用户之间的好友关系。接着，我们使用 `GROUP BY` 和 `COUNT(*)` 聚合函数来计算每个不同用户之间的共同好友数，最终得到任意两个用户之间的共同好友数。

需要注意的是，在 `GROUP BY` 语句中，我们使用了 `a.uid < b.uid` 的判断条件，避免重复计算每对用户之间的共同好友数。如果没有这个判断条件，会导致每对用户之间的共同好友数被计算两次，而实际上它们是相同的。

这个实现逻辑比较简单，通过一个自连接即可完成，ChatGPT 给出了正确答案。

7.8 案例 8：表格样式设置

在 Python 中，表格样式设置的代码比较烦琐，但有时很有必要，这时我们可以向 ChatGPT 寻求帮助。发送如下内容给 ChatGPT。

现在要对一份日报的格式进行设置，具体操作为：创建一个 Excel 工作簿，将首行 'A1\:F1' 单元格合并，合并后单元格内的值为 "××× 日报"，并将单元格内的值居中对齐，将单元格的背景颜色设置成橙色，字体设置为白色。请给出利用 openpyxl 库实现该操作的 Python 代码。

ChatGPT 收到上述内容以后，返回如下结果。

下面是利用 openpyxl 库实现上述操作的 Python 代码：

```
from openpyxl import Workbook
from openpyxl.styles import Alignment, PatternFill, Font

# 创建工作簿和工作表
wb = Workbook()
ws = wb.active

# 设置单元格样式
cell = ws['A1']
cell.value = 'XXX 日报 '
cell.alignment = Alignment(horizontal='center', vertical='center')
cell.fill = PatternFill(start_color='FFA500', end_color='FFA500', fill_type='solid')
cell.font = Font(color='FFFFFF')

# 合并单元格
ws.merge_cells('A1:F1')

# 保存工作簿
wb.save('daily_report.xlsx')
```

上述代码中，首先通过 Workbook 函数创建一个工作簿，并通过 active 属性获取当前工作表。接着，设置单元格样式，包括文字居中对齐、背景颜色设置和字体颜色设置等。然后，利用 merge_cells 函数将单元格 'A1\:F1' 合并。最后，通过 save 函数将工作簿保存到指定路径。执行该代码后，会在指定路径下生成一个名为 daily_report.xlsx 的 Excel 文件，其中第一个单元格已经按照要求进行了格式设置。

将以上代码复制到 Python 环境中执行，得到的结果是我们想要的，也就是说 ChatGPT 的回答是正确的。

7.9 案例 9：数据脱敏处理

数据脱敏处理也是常见的需求，我们来问 ChatGPT 如何实现。发送如下内容给 ChatGPT。

为了保护数据中的敏感信息，我们需要对数据进行脱敏处理。请针对我提供的数据：对姓名进行哈希化，对电话号码进行掩码处理，对邮箱地址进行部分替换操作。请给出 Python 实现代码。详细数据如下：

Name,Phone,Email
Alice,1234567890,alice@example.com
Bob,2345678901,bob@example.com
Charlie,3456789012,charlie@example.com

ChatGPT 收到上述内容以后，返回如下结果。

在本示例中，我们将展示如何使用 Python 对一个包含用户信息（姓名、电话号码、邮箱地址）的数据集进行脱敏处理。我们将使用 pandas 库来处理数据。

首先，假设我们有一个 CSV 文件（`user_data.csv`）包含以下原始数据：

Name,Phone,Email
Alice,1234567890,alice@example.com
Bob,2345678901,bob@example.com
Charlie,3456789012,charlie@example.com

接下来，我们将使用 Python 对这些敏感字段进行脱敏处理。

1. 导入所需的库：

```
import pandas as pd
import hashlib
import random
import re
```

2. 读取 CSV 文件：

```
data = pd.read_csv("user_data.csv")
```

3. 对姓名进行哈希化处理：

```
def hash_name(name):
    return hashlib.sha256(name.encode()).hexdigest()

data["Name"] = data["Name"].apply(hash_name)
```

4. 对电话号码进行掩码处理（保留前三位和后四位，中间的数字用星号替换）：

```
def mask_phone(phone):
    return phone[:3] + '*' * (len(phone) - 7) + phone[-4:]

data["Phone"] = data["Phone"].astype(str).apply(mask_phone)
```

5. 对邮箱地址进行部分替换（保留用户名的前两个字符和域名）：

```
def anonymize_email(email):
    username, domain = email.split('@')
    return username[:2] + '*' * (len(username) - 2) + '@' + domain

data["Email"] = data["Email"].apply(anonymize_email)
```

6. 将脱敏后的数据保存到新的 CSV 文件：

```
data.to_csv("anonymized_user_data.csv", index=False)
```

经过以上步骤，我们将脱敏后的数据保存到了一个名为 `anonymized_user_data.csv` 的新文件中。新数据如下：

```
Name,Phone,Email
2e7d...6c32,123****7890,al**@example.com
d0e8...9b41,234****8901,bo**@example.com
6f90...6aa3,345****9012,ch**@example.com
```

这样，我们就使用 Python 对包含用户信息的数据集进行了脱敏处理。现在可以在保护用户隐私的前提下对这个数据集进行分析。

对于三个脱敏操作，ChatGPT 给出了三个函数，创建好函数后将 pandas 自带的 `apply` 函数应用于每一个单元格。

7.10 案例 10：自动发送邮件

有些公司的数据平台不是很完善，分析师需要承担的一部分工作是将日报等数据自动发送到不同人的邮箱，我们来问 ChatGPT 这该如何实现。发送如下内容给 ChatGPT。

> 给我写一份利用 Python 自动发送邮件的代码。

ChatGPT 收到上述内容以后，返回如下结果。

以下是一份使用 Python 自动发送邮件的示例代码。该代码使用了 `smtplib` 库来实现邮件的发送功能，并使用 `email.mime` 库来创建邮件内容。

注意：在运行此代码之前，请确保将 `your_email@example.com`、`your_password`、`recipient@example.com` 替换为实际的发件人邮箱、密码和收件人邮箱。同时，请根据你使用的邮件服务商的 SMTP 服务器和端口进行相应调整。

```
import smtplib
from email.mime.text import MIMEText
from email.mime.multipart import MIMEMultipart

# 发件人邮箱、密码和收件人邮箱
sender_email = "your_email@example.com"
password = "your_password"
receiver_email = "recipient@example.com"

# 创建 MIMEMultipart 对象，用于组合邮件内容
message = MIMEMultipart()
message["From"] = sender_email
message["To"] = receiver_email
message["Subject"] = "Python Email Test"

# 邮件正文内容
body = "Hello, this is a test email sent from Python."

# 将邮件正文转换为 MIMEText 对象并添加到 MIMEMultipart 对象中
message.attach(MIMEText(body, "plain"))
```

```
# SMTP 服务器地址及端口（请根据实际情况修改）
smtp_server = "smtp.example.com"
port = 587

# 使用 smtplib 库发送邮件
with smtplib.SMTP(smtp_server, port) as server:
    # 启动 TLS 安全连接
    server.starttls()

    # 登录邮箱
    server.login(sender_email, password)

    # 发送邮件
    server.sendmail(sender_email, receiver_email, message.as_string())

print("Email sent successfully!")
```

此代码示例发送了一封简单的纯文本邮件。你还可以使用 `email.mime` 库的其他功能来发送带有 HTML 格式、图片、附件等内容的邮件。

ChatGPT 给出了一份利用 Python 自动发送邮件的简单版代码，在实际使用时，我们需要根据业务场景对正文等内容做一些修改。

本章展示了一些利用 ChatGPT 进行综合数据处理的案例。可以看到，对于询问如何用 Excel、SQL 或 Python 来解决问题，ChatGPT 给出的结果基本是正确的，只有极个别的需要调整。这也在一定程度上说明，并不是有了 ChatGPT，我们就不需要学习使用任何工具了。相反，只有自己掌握了，才能辨别 ChatGPT 给出的结果是否正确，并在必要时对其进行调整和优化。ChatGPT 能够大幅提高我们的工作效率，但目前还不能完全依赖它。

第 8 章

ChatGPT 在数据可视化中的应用

数据可视化就是将数据以图表的形式展示出来，从而更好地表达数据所包含的信息。在数据分析中，数据可视化是必不可少的一部分，但是目前 ChatGPT 无法根据我们的诉求直接生成图表结果。尽管如此，它可以在数据可视化的其他方面发挥一些作用，如下所示。

(1) 选择合适的图表类型：ChatGPT 可以根据我们提供的数据和希望图表达到的效果，推荐合适的图表类型。例如，对于时间序列数据，ChatGPT 可能会推荐使用折线图；而对于类别数据，ChatGPT 可能会推荐使用柱状图或饼图。

(2) 提供可视化建议：ChatGPT 可以根据我们所提供数据集的特点和图表的使用场景等，给出一些可视化方面的建议，如选择合适的颜色、图例、标签等。

(3) 指导生成图表：ChatGPT 可以根据收到的数据和需求，指导我们如何使用不同软件实现想要的效果。

(4) 解读图表：ChatGPT 可以根据我们提供的图表数据，分析其中的关键信息，如趋势、异常值、关系等，并将这些信息以文字形式呈现出来。这可以帮助受众更好地理解图表，为决策提供有力支持。

(5) 故事化呈现：ChatGPT 可以将数据可视化的结果和分析结合起来，以故事的形式将数据和结论串联在一起，帮助用户更好地理解和记住数据分析结果。

接下来我们看看 ChatGPT 在数据可视化过程中如何发挥作用。

8.1 选择合适的图表类型

我们可以问 ChatGPT 在数据可视化中常用的图表类型有哪些，不同图表的使用场景各是什么，应该根据什么原则选取适合的图表类型。将这些问题发送给 ChatGPT，会得到如下结果。

在数据可视化中，常用的图表类型有很多，下面列举了一些典型的图表类型及其使用场景和选择原则。

1. 折线图（line chart）：折线图主要用于表示数据随时间或其他连续变量的变化趋势。当需要展示数据随时间的波动、趋势或周期性变化时，折线图是一个很好的选择。
2. 柱状图（bar chart）：柱状图主要用于表示类别数据的数量或百分比。当需要对比不同类别的数值时，柱状图是一个很好的选择。垂直柱状图适合表示多个类别，水平柱状图适用于类别名称较长的情况。
3. 饼图（pie chart）：饼图主要用于表示类别数据在整体中的占比。当需要展示各部分占总体的百分比时，饼图是一个很好的选择。但当类别较多时，饼图可能不太适用，此时可以考虑使用堆积柱状图或堆积面积图。
4. 散点图（scatter plot）：散点图主要用于表示两个连续变量之间的关系。当需要查看两个变量之间的相关性、聚类或异常值时，散点图是一个很好的选择。
5. 箱形图（box plot）：箱形图主要用于表示数据的分布情况，包括中位数、四分位数、异常值等。当需要查看数据的集中趋势、离散程度或异常值时，箱形图是一个很好的选择。
6. 热力图（heatmap）：热力图主要用于表示两个类别变量之间的相关性或密度。当需要展示大量数据的分布或两个类别变量之间的关系时，热力图是一个很好的选择。
7. 地图（map）：地图主要用于表示地理位置相关的数据。当需要展示地理位置上的分布、趋势或关系时，地图是一个很好的选择。

选择适合自己的图表类型的原则。

1. 确定目标：明确你希望展示数据中的什么信息，例如趋势、比较、关系等。
2. 考虑数据类型：根据数据类型（例如连续变量、类别变量等）选择合适的图表类型。
3. 关注可读性：确保所选图表类型易于理解，能够清晰地传达关键信息。
4. 适应场景：根据特定场景（例如报告、演示等）选择合适的图表类型。
5. 简洁性原则：尽量选择简单、直观的图表类型，避免使用复杂的图表，以免让观众难以理解。

总之，在选择适合自己的图表类型时，要根据具体的数据类型、目标、场景以及可读性等因素来综合考虑。以下是对一些常见情况的建议。

- 表示趋势：折线图、面积图。
- 表示比较：柱状图、堆积柱状图、堆积面积图。
- 表示关系：散点图、气泡图、热力图。
- 表示分布：箱形图、直方图、小提琴图。
- 表示组成：饼图、环形图、堆积柱状图、堆积面积图。
- 表示地理位置：地图、热力地图。

在实际应用中，可以根据具体需求灵活选择和组合这些图表类型，以最直观、有效地传达关键信息。

ChatGPT 给出的信息比较全面：首先介绍了常用的图表类型及其主要用途；其次说明了图表选择的原则；最后列举了不同情况下可以选择的图表类型。

我们还可以直接利用 ChatGPT 选择合适的图表类型，只需把数据结构和我们希望通过图表传达的信息描述清楚，ChatGPT 就会推荐合适的图表类型。

接下来看一个具体案例。发送如下内容给 ChatGPT。

> 我有某平台过去 12 个月的销量数据，为了描绘各月的销量趋势，应该选择什么样的图表?

ChatGPT 收到上述内容后，返回如下结果。

为了表示过去 12 个月的销量趋势，你应该选择折线图。折线图非常适合展示随时间变化的趋势。在这种情况下，横坐标表示月份，纵坐标表示销量，每个月的销量数据用折线连接起来，这样可以直观地展示销量的上升、下降或波动趋势。

ChatGPT 的回答没有问题。接下来我们问一个稍微难一点的问题。

> 现在有一份分天的各个页面用户停留时长数据，具体的表结构为：day、功能页 1、功能页 2、功能页 3、功能页 4、功能页 5、功能页 6，我希望以图表的形式展示不同功能页面的用户停留时长在整体时长中的占比变化趋势，为此应该选择什么样的图表?

ChatGPT 收到上述内容后，返回如下结果。

为了展示不同功能页面用户停留时长在整体时长中的占比变化趋势，你可以选择堆叠面积图。堆叠面积图可以清晰地展示各个功能页面用户停留时长在整体时长中的占比，以及随时间变化的趋势。

在这种情况下，横坐标表示日期（day），纵坐标表示用户停留时长，每个功能页面在同一天的用户停留时长用不同颜色的面积堆叠在一起。通过观察每个功能页面相应的面积在图表中的变化，可以直观地了解不同功能页面用户停留时长在整体时长中的占比，以及随时间变化的趋势。

对于这个案例，ChatGPT 的回答也没有问题。

8.2　提供可视化建议

也可以直接告诉 ChatGPT 我们想对某些数据进行可视化，它会给出相应的建议。比如发送如下内容给 ChatGPT。

我准备用一幅柱状图来展示公司各部门第一季度的销售业绩，请给出相应的数据可视化建议，详细数据如下：

部门　销售业绩（万元）
市场部　125
产品部　105
技术部　83
运营部　72

ChatGPT 收到上述内容后，返回如下结果。

根据你提供的数据，建议创建一幅柱状图来展示公司各部门第一季度的销售业绩。

1. 横轴（X 轴）：将部门作为分类变量，例如市场部、产品部、技术部和运营部。

2. 纵轴（Y轴）：表示销售业绩（万元），可以设置一个合适的刻度，以便观察销售业绩的差异。
3. 柱子：为每个部门创建一个柱子，柱子的高度代表相应部门的销售业绩。为了便于区分，可以使用不同的颜色或阴影来表示不同的部门。
4. 标题：为图表设置一个标题，如"第一季度各部门销售业绩"。
5. 数据标签：在每个柱子的顶部添加销售业绩的具体数值，以便观察者更清楚地了解每个部门的销售业绩。
6. 图例：如果使用了不同的颜色或阴影表示不同的部门，可以在图中添加一个图例，以说明各颜色或阴影代表的部门。

通过遵循上述建议，你将创建一幅清晰、直观的柱状图来展示公司各部门在第一季度的销售业绩。这将有助于观察者快速了解各部门之间的销售业绩差异，并为进一步分析提供依据。

可以看出，ChatGPT 会基于我们提供的数据，给出关于图表类型选择以及图表各元素设置（包括图表标题、数据标签、图例等）的建议。

8.3 指导生成图表

虽然目前 ChatGPT 无法直接输出图表结果，但是它可以指导我们如何用不同的工具实现。发送如下内容给 ChatGPT。

> 我需要绘制一幅月份 – 销量折线图，请给出使用 Excel、Python、Tableau 三种工具的具体实现方式。

ChatGPT 收到上述内容后，返回如下结果。

下面分别给出使用 Excel、Python 和 Tableau 三种工具的具体实现方式。

1. Excel

   a. 将数据整理成两列，一列为月份，另一列为对应的销量。

b. 选中这两列数据，点击“插入”菜单，选择“折线图”图标，然后选择相应的折线图样式。

c. 对生成的折线图进行个性化设置，例如调整标题、轴标签等。

2. Python（使用 matplotlib 库）

```
import matplotlib.pyplot as plt

# 示例数据
months = ['Jan', 'Feb', 'Mar', 'Apr', 'May', 'Jun', 'Jul', 'Aug', 'Sep', 'Oct',
          'Nov', 'Dec']
sales = [100, 120, 130, 140, 150, 160, 170, 180, 190, 200, 210, 220]

# 绘制折线图
plt.plot(months, sales)

# 添加标题和轴标签
plt.title('Monthly Sales')
plt.xlabel('Months')
plt.ylabel('Sales')

# 显示图表
plt.show()
```

3. Tableau

a. 打开 Tableau，连接数据源，导入数据。

b. 将月份拖到“列”区域,将销量拖到“行”区域。在“Marks”选项卡中选择“Line”图标。

c. 根据需要对图表进行个性化设置，例如调整标题、轴标签、颜色等。

三种工具都可以用来绘制月份 – 销量的折线图，具体选择哪种工具取决于你的需求和使用习惯。

ChatGPT 给出了详细的制作过程。当然，我们可以向其提出更多的要求，比如将标题设置为 ×××、将数据标签设置为 ×××，ChatGPT 都会给出相应的操作步骤，这里就不展开了。我们提一个稍微难一点的要求，比如绘制堆叠面积图，看看效果如何。发送如下内容给 ChatGPT。

现有一份分天的各个页面用户停留时长数据，具体的表结构为：day、功能页 1、功能页 2、功能页 3、功能页 4、功能页 5、功能页 6，我希望以堆叠面积图的形式展示不同功能页面的用户停留时长在整体时长中的占比变化趋势，请给出使用 Excel、Python、Tableau 三种工具的具体实现方式。

ChatGPT 收到上述内容后，返回如下结果。

下面分别给出使用 Excel、Python 和 Tableau 三种工具的具体实现方式。

1. Excel

   a. 将数据整理成表格形式，第一列为日期，后面的列分别为各个功能页面的用户停留时长。
   b. 选中整个数据表，点击“插入”菜单，选择“面积图”图标，然后选择“堆叠面积图”样式。
   c. 对生成的堆叠面积图进行个性化设置，例如调整标题、轴标签、图例等。

2. Python（使用 matplotlib 库）

```
import matplotlib.pyplot as plt
import numpy as np

# 示例数据
days = ['Day1', 'Day2', 'Day3', 'Day4', 'Day5']
page1 = [10, 15, 20, 25, 30]
page2 = [5, 10, 15, 20, 25]
page3 = [8, 12, 16, 20, 24]
page4 = [6, 9, 12, 15, 18]
page5 = [4, 6, 8, 10, 12]
page6 = [2, 3, 4, 5, 6]

# 绘制堆叠面积图
plt.stackplot(days, page1, page2, page3, page4, page5, page6,
              labels=['Page1', 'Page2', 'Page3', 'Page4', 'Page5', 'Page6'])

# 添加标题和轴标签
plt.title('Page Duration Stacked Area Chart')
```

```
plt.xlabel('Days')
plt.ylabel('Duration')

# 添加图例
plt.legend(loc='upper left')

# 显示图表
plt.show()
```

3. Tableau

   a. 打开 Tableau，连接数据源，导入数据。
   b. 将日期拖到“列”区域，将各个功能页面的用户停留时长拖到“行”区域。在“Marks”选项卡中选择“Area”图标。
   c. 在“分析”菜单中，选择“堆叠标记”，然后选择“在所有系列上堆叠”。
   d. 根据需要对图表进行个性化设置，例如调整标题、轴标签、图例、颜色等。

三种工具都可以用来绘制堆叠面积图，具体选择哪种工具取决于你的需求和使用习惯。

ChatGPT 分别给出了使用三种工具的具体实现方式。如果需要 ChatGPT 给出其他图表的制作方法，更换成相应的指令即可。

8.4 解读图表

我们还可以利用 ChatGPT 对生成的图表结果进行解读。只需把分析目标和具体数据等发送给 ChatGPT，它就会返回相应的解读结果。发送如下内容给 ChatGPT。

我想基于以下数据制作一幅折线图，请对生成结果进行解读：

月份，销售额（万元）
2023 年 1 月，1285
2023 年 2 月，1842
2023 年 3 月，1965
2023 年 4 月，1975

2023 年 5 月 ,1582
2023 年 6 月 ,1828
2023 年 7 月 ,1886
2023 年 8 月 ,1388
2023 年 9 月 ,1601
2023 年 10 月 ,1847
2023 年 11 月 ,1370
2023 年 12 月 ,1889

ChatGPT 收到上述内容后，返回如下结果。

根据提供的数据，我们可以绘制一幅折线图来展示 2023 年每月的销售额。这里是对生成的折线图结果的解读。

1. 整体趋势：从 2023 年 1 月到 2023 年 12 月，销售额呈现出波动变化的趋势。在某些月份，销售额有所上升，而在其他月份则有所下降。
2. 销售额峰值：在 2023 年中，最高销售额出现在 4 月，达到 1975 万元；其次是 3 月，为 1965 万元。
3. 销售额低谷：在 2023 年中，最低销售额出现在 1 月，为 1285 万元；其次是 11 月，为 1370 万元。
4. 季节性波动：从数据中可以观察到一定的季节性波动。例如，在 3 月、4 月、6 月和 7 月，销售额相对较高；而在 1 月、8 月和 11 月，销售额相对较低。这可能与公司的产品或服务、市场活动、季节性需求等因素有关。
5. 年末销售增长：在 2023 年 12 月，销售额较 11 月明显增加，达到 1889 万元。这可能与年末促销活动或节日等因素有关。

通过对折线图的解读，我们可以更深入地了解公司在 2023 年每个月的销售表现，以及潜在的季节性波动和其他影响因素。这有助于企业进行销售预测、资源分配和营销策略调整。

ChatGPT 对图表的解读比较全面：首先是对整体趋势的描述；然后是对最值（峰值和低谷）的描述；因为是时间序列，所以还涉及季节性波动；最后是对年末这个特殊时间点的情况描述。

8.5 故事化呈现

我们还可以利用 ChatGPT 对图表结果进行故事化呈现。因为 ChatGPT 有基于上下文对话的能力，所以可以让其基于上文的解读结果来执行该任务。发送如下内容给 ChatGPT。

> 基于上述解读结果，进行相应的故事化呈现。

ChatGPT 收到上述内容后，返回如下结果。

> 在 2023 年，公司的销售额经历了不少起伏，揭示了一段跌宕起伏的销售之旅。从 1 月份的 1285 万元起步，随着春天的到来，公司迎来了销售高峰。2 月份销售额飙升至 1842 万元，3 月份更是达到了 1965 万元的新高。
>
> 进入 4 月，公司的销售额再创新高，达到了 1975 万元。这一刻，公司仿佛站在了巅峰，然而接下来却迎来了新的挑战。5 月份销售额出现下滑，为 1582 万元。公司迅速调整策略，6 月份销售额重回 1828 万元，7 月份进一步攀升至 1886 万元。
>
> 然而，好景不长，进入 8 月，销售额出现大幅下滑，降至 1388 万元。在夏季末，公司处于销售低谷。为了应对挑战，公司积极调整策略，使得 9 月份销售额回升至 1601 万元，10 月份更是成功达到 1847 万元。
>
> 在 11 月，销售额再次下滑至 1370 万元，然而这并未影响公司在年末的表现。借助年末促销活动和节日的东风，12 月份销售额实现了强劲反弹，达到了 1889 万元，为这一年画上了圆满的句号。
>
> 通过这一年的销售之旅，我们可以看出公司在面临市场波动和季节性需求变化时，能够迅速调整策略、应对挑战。在未来，公司需要进一步关注影响销售额的潜在因素，制定更有效的营销策略，以实现更为稳定和可持续的增长。

可以看到，ChatGPT 将数据变动通过一个完整的故事串联了起来。在日常工作中，我们需要根据实际情况对故事内容进行调整。

至此，我们了解了在数据可视化方面如何利用 ChatGPT。虽然目前 ChatGPT 无法直接生成图表结果，但在不少地方可以发挥作用，进而提高我们的工作效率。

第 9 章

ChatGPT 在常用的数据分析方法中的应用

常用的数据分析方法一般是针对汇总数据而不是明细数据进行分析。因为汇总后的数据量一般比较小，所以我们可以把数据发送给 ChatGPT，让其利用某种方法对数据展开分析并给出分析结果。当然，ChatGPT 还可以解释每种分析方法是什么以及怎么用。本章主要讲解如何利用 ChatGPT 进行常见的数据分析。

9.1 对比分析

对比分析在数据分析中比较常用。我们让 ChatGPT 解释这个方法的概念并提供相应的案例。发送如下内容给 ChatGPT。

> 假如你是一名资深数据分析师，请给我讲讲数据分析中常用的对比分析，需要包括具体的概念、案例以及如何借助 ChatGPT 进行对比分析。

ChatGPT 收到上述内容后，返回如下结果。

对比分析是一种数据分析方法，主要是通过比较同一维度上的不同数据，找出关联性、相似性或差异性。在数据分析领域，对比分析可以帮助我们更好地理解数据背后的业务逻辑和问题，从而为决策提供有效依据。常见的对比分析方法有以下几种。

1. 时间对比分析：比较不同时间段内的数据，以发现趋势和模式。例如，分析销售额在过去几年中的变化情况，了解产品销售的季节性波动。
2. 空间对比分析：比较不同地理区域的数据，以找出地域差异。例如，分析各地区的房价和人口密度，以揭示房地产市场的供需关系。

3. 分组对比分析：根据某些特征，将数据分为几个组别，然后比较各组数据的差异。例如，按年龄、性别和收入对消费者进行分组，以了解不同群体的购买行为。
4. 案例对比分析：通过比较类似的案例，以找出成功和失败的原因。例如，对比两个市场营销活动的成效，以便优化营销策略。

要借助 ChatGPT 进行对比分析，你可以按照以下步骤进行。

1. 准备数据：整理和清洗需要分析的数据，以确保其准确性和一致性。
2. 提出问题：明确你想通过对比分析解决的问题，例如："我想比较不同年龄段消费者的购买行为。"
3. 使用 ChatGPT：将你的问题和数据以文本的形式输入 ChatGPT。例如："请根据以下数据，分析不同年龄段消费者的购买行为。数据如下：……"。
4. 分析结果：ChatGPT 会根据你提供的数据和要求，生成对比分析结果。你可以进一步与 ChatGPT 交流，以获取更多细节或者优化分析方法。

需要注意的是，ChatGPT 虽然具有强大的语言处理能力，但数据分析能力可能有限。对于复杂的数据分析任务，建议采用专业的数据分析工具或寻求专业人士的帮助。

可以看到，ChatGPT 给出的结果是准确的，不仅解释了对比分析的概念，还列出了常用的时间、空间等分析维度，以及利用 ChatGPT 进行对比分析的步骤。接下来我们看看具体的应用案例。发送如下内容给 ChatGPT。

请根据以下数据，分析过去 3 年内公司季度销售额的变化情况。
2020 年 Q1: 16000 Q2: 19000 Q3: 17000 Q4: 23000
2021 年 Q1: 18000 Q2: 21000 Q3: 20000 Q4: 25000
2022 年 Q1: 20000 Q2: 23000 Q3: 22000 Q4: 27000

ChatGPT 收到上述内容后，返回如下结果。

根据你提供的数据，可以观察到过去 3 年内公司季度销售额的变化情况如下。

1. 总体上看，公司的季度销售额在逐年递增。从 2020 年到 2022 年，每个季度的销售额都呈现上升趋势。这说明公司在这段时间内可能取得了业务增长或市场份额的提升。

2. 在每年的季度销售额中，Q4 的销售额总是最高的，而 Q1 的销售额相对较低。这可能表明公司的销售受到季节性因素的影响，如节假日促销活动、季节性需求等。
3. 从年度增长速度来看，2020 年到 2021 年的销售额增长速度略高于 2021 年到 2022 年的增长速度。这可能说明公司的业务增长在逐渐放缓，或者市场竞争在加剧。

总的来说，过去 3 年内公司的季度销售额呈现稳步增长趋势，尤其在每年的第四季度销售额表现较好。然而，业务增长速度有所放缓，可能需要关注市场竞争和调整战略以保持增长。

ChatGPT 从总体趋势、年度内各季度销售额占比、年度增长速度三个角度给出了分析结果。但有一个趋势 ChatGPT 没有提到，就是各季度销售额呈现先上升（Q2 vs. Q1）后下降（Q3 vs. Q2）再上升（Q4 vs. Q3）的趋势。除此之外，结论偏定性描述，而作为数据分析师，分析结论应强调定量。可以让其对结论进行修改。发送如下内容给 ChatGPT。

针对上述分析结果，增加一些量化描述内容。

ChatGPT 收到上述内容后，返回如下结果。

基于你提供的数据，可以进一步进行量化描述。

1. 从 2020 年到 2022 年的总销售额来看，2020 年为 75 000，2021 年为 84 000，2022 年为 92 000。这意味着 2021 年的总销售额较 2020 年增长了 12%（(84 000 – 75 000)/75 000），而 2022 年的总销售额较 2021 年增长了 9.52%（(92 000 – 84 000)/84 000）。
2. 在每年的各季度销售额中，Q4 销售额占全年销售额的比例分别为 30.67%（23 000/75 000）、29.76%（25 000/84 000）和 29.35%（27 000/92 000）。这表明 Q4 对公司的年度销售贡献较大。
3. 从季度销售额的增长速度来看，2021 年 Q1 销售额较 2020 年 Q1 增长了 12.5%（(18 000 – 16 000)/16 000），Q2 增长了 10.53%（(21 000 – 19 000)/19 000），Q3 增长了 17.65%（(20 000 – 17 000)/17 000），Q4 增长了 8.7%（(25 000 – 23 000)/23 000）。

4. 从季度销售额的增长速度来看，2022 年 Q1 销售额较 2021 年 Q1 增长了 11.11%（(20 000 – 18 000)/18 000），Q2 增长了 9.52%（(23 000 – 21 000)/21 000），Q3 增长了 10%（(22 000 – 20 000)/20 000），Q4 增长了 8%（(27 000 – 25 000)/25 000）。

综合以上量化描述，可以看出公司在过去 3 年内的销售额呈现稳定增长，尤其在每年的第四季度表现较好。然而，年度增长速度有所放缓，可能需要关注市场竞争和调整战略以保持增长。

修正后的分析结果更加强调定量，包含了年度增长率、季度增长率等指标。

以上是时间对比的案例，再来看空间对比的案例。这一次为了避免 ChatGPT 输出的结果偏定性描述，在输入的时候明确要求其给出量化描述。发送如下内容给 ChatGPT。

请根据以下数据，分析地区 A 和地区 B 的房价与人口密度关系。
地区 A：房价（元 / 平方米），8000；人口密度（人 / 平方千米），3000。
地区 B：房价（元 / 平方米），12 000；人口密度（人 / 平方千米），5000。

ChatGPT 收到上述内容后，返回如下结果。

根据你提供的数据，可以分析地区 A 和地区 B 的房价与人口密度之间的关系，并给出以下量化描述。

1. 地区 A 的房价为每平方米 8000 元，人口密度为每平方千米 3000 人。而地区 B 的房价为每平方米 12 000 元，人口密度为每平方千米 5000 人。这表明地区 B 的房价较地区 A 高 50%（(12 000 – 8000)/8000），而人口密度较地区 A 高 66.67%（(5000 – 3000)/3000）。
2. 我们可以通过计算每平方米房价与每平方千米人口的比值，来衡量房价和人口密度之间的关系。地区 A 的比值为 2.67（8000/3000），地区 B 的比值为 2.4（12 000/5000）。这意味着在地区 A，人口密度每上升一个单位，房价上升 2.67 个单位；而在地区 B，人口密度每上升一个单位，房价上升 2.4 个单位。

根据以上量化描述，我们可以发现地区 B 的房价和人口密度都明显高于地区 A。尽管地区 B 的房价与人口密度的比值略低于地区 A，但总体上，房价和人口密度在两个地区之间呈正相关关系。这可能意味着人口密度较高的地区存在更大的住房需求，从而推高了房价。

ChatGPT 不仅对 A、B 两个地区的房价和人口密度进行了对比，还对房价与人口密度的比值进行了比较。

9.2 分组分析

分组分析可以看作对比分析的一种，因为分组分析的核心是比较不同组间的差异，进而发现其中的规律。接下来我们让 ChatGPT 解释这个方法的概念并提供相应的案例。发送如下内容给 ChatGPT。

假如你是一名资深数据分析师，请给我讲讲数据分析中常用的分组分析，需要包括具体的概念、案例以及如何借助 ChatGPT 进行分组分析。

ChatGPT 收到上述内容后，返回如下结果。

分组分析是一种数据分析方法，其主要目的是将数据集按照某些特征或属性进行分组，以便在组内和组间发现规律、趋势与差异。分组分析可以帮助我们更好地理解数据背后的业务逻辑和问题，从而为决策提供有效依据。

具体概念：

在分组分析中，数据被划分为若干个组别，每个组别具有特定的特征或属性。通过对比不同组别的数据，我们可以发现各组之间的相似性和差异性，从而揭示潜在的关联和规律。常见的分组依据包括地理区域、年龄、性别、收入水平等。

案例：

假设我们想分析不同年龄段的用户使用某款 App 的行为。首先，我们可以将用户按年龄分为几个组别，如 18~24 岁、25~34 岁、35~44 岁等。然后，我们可以比较各年龄段的用户的注册数量、活跃度、平均使用时长等指标，以发现不同年龄段的用户在使用 App 方面的特点和差异。

借助 ChatGPT 进行分组分析：

要借助 ChatGPT 进行分组分析，你可以按照以下步骤进行。

1. 准备数据：整理和清洗需要分析的数据，以确保其准确性和一致性。
2. 提出问题：明确你想通过分组分析解决的问题，例如："我想比较不同年龄段的用户使用某款 App 的行为。"
3. 使用 ChatGPT：将你的问题和数据以文本的形式输入 ChatGPT。例如："请根据以下数据，分析不同年龄段的用户使用某款 App 的行为。数据如下：……"。
4. 分析结果：ChatGPT 会根据你提供的数据和要求，生成分组分析结果。你可以进一步与 ChatGPT 交流，以获取更多细节或者优化分析方法。

需要注意的是，ChatGPT 虽然具有强大的语言处理能力，但数据分析能力可能有限。对于复杂的数据分析任务，建议采用专业的数据分析工具或寻求专业人士的帮助。

ChatGPT 准确解释了分组分析的概念，并按照要求给出了相应的案例以及利用 ChatGPT 进行分组分析的步骤。接下来我们看看具体的应用案例。发送如下内容给 ChatGPT。

请根据以下数据，分析不同年龄段的用户之间的次日留存率差异：

年龄段 注册用户数 次日留存用户数
18~24 5000 2300
25~34 8000 3600
35~44 3000 1200

ChatGPT 收到上述内容后，返回如下结果。

根据提供的数据，我们可以分析不同年龄段的用户之间的次日留存率差异。首先，我们需要计算各年龄段的次日留存率。次日留存率 = 次日留存用户数 / 注册用户数。

计算结果：

年龄段 次日留存率
18~24 46% (2300/5000)
25~34 45% (3600/8000)
35~44 40% (1200/3000)

根据计算结果，我们可以得出以下分析结论。

1. 在这款 App 中，18~24 岁年龄段的次日留存率最高，为 46%；其次是 25~34 岁年龄段，次日留存率为 45%；而 35~44 岁年龄段的次日留存率最低，为 40%。
2. 从各年龄段的次日留存率来看，年轻用户（18~34 岁）相对更容易在次日继续使用该 App。这可能是因为这款 App 的功能和设计更符合年轻人的使用习惯与喜好。
3. 35~44 岁年龄段的次日留存率相对较低。这可能暗示这款 App 在吸引和留住中年用户方面存在改进空间。开发者可以针对该年龄段的用户的需求和喜好，优化 App 的功能和设计，从而提高该年龄段的用户的次日留存率。

总结：通过对不同年龄段的用户的次日留存率进行比较，我们发现这款 App 在各年龄段的留存表现存在差异。为提高整体留存率，开发者可以针对不同年龄段的用户的特点和需求，优化 App 的功能、设计和推广策略。

因为数据有限，所以基于数据得出的分析结论也比较有限，最容易得出的结论是第 1 点，即次日留存率最高 / 最低的年龄段。第 2 点和第 3 点结论较难得出，但这些也是数据分析中比较有价值的点。基于这个分析结果，可以进一步分析不同功能对年轻用户和中年用户的吸引力差异，从而有针对性地优化功能，提高整体的用户留存率。

9.3 交叉分析

交叉分析可以理解成分组分析的升级版：同时按照两个或多个维度对数据进行分组，然后对分组后的结果进行分析。接下来我们让 ChatGPT 解释这个方法的概念并提供相应的案例。发送如下内容给 ChatGPT。

假如你是一名资深数据分析师，请给我讲讲数据分析中常用的交叉分析，需要包括具体的概念、案例以及如何借助 ChatGPT 进行交叉分析。

ChatGPT 收到上述内容后，返回如下结果。

交叉分析是一种数据分析方法，主要用于研究两个或多个变量之间的关系。通过观察不同变量组合下的数据分布，我们可以发现变量之间的相互影响、相关性和潜在规律。交叉分析可以帮助我们更深入地了解数据，为决策提供有力支持。

具体概念：

在交叉分析中，我们通常将两个或多个变量的不同取值进行组合，形成一个类似于二维或多维表格的数据结构。通过观察和比较不同组合下的数据，我们可以揭示变量之间的关联、相互作用和潜在规律。交叉分析常用于市场调查、用户行为分析等场景。

案例：

假设我们想分析某电商平台中，不同性别和年龄段的用户的购物行为。我们可以将用户按性别和年龄分组，然后计算各组用户的购买频次、平均消费金额等指标。通过比较各组数据，我们可以发现不同性别和年龄段的用户在购物行为方面的差异和规律。

借助 ChatGPT 进行交叉分析：

要借助 ChatGPT 进行交叉分析，你可以按照以下步骤进行。

1. 准备数据：整理和清洗需要分析的数据，以确保其准确性和一致性。
2. 提出问题：明确你想通过交叉分析解决的问题，例如："我想分析不同性别和年龄段的用户在购物行为方面的差异。"
3. 使用 ChatGPT：将你的问题和数据以文本的形式输入 ChatGPT。例如："请根据以下数据，分析不同性别和年龄段的用户在购物行为方面的差异。数据如下：……"。
4. 分析结果：ChatGPT 会根据你提供的数据和要求，生成交叉分析结果。你可以进一步与 ChatGPT 交流，以获取更多细节或者优化分析方法。

需要注意的是，ChatGPT 虽然具有强大的语言处理能力，但数据分析能力可能有限。对于复杂的数据分析任务，建议采用专业的数据分析工具或寻求专业人士的帮助。

ChatGPT 准确解释了交叉分析的概念，并按照要求给出了相应的案例以及利用 ChatGPT 进行交叉分析的步骤。接下来我们看看具体的应用案例。发送如下内容给 ChatGPT。

请根据以下数据，分析不同年龄段与性别交叉下用户在平均消费金额方面的差异:

年龄段	男性平均消费金额	女性平均消费金额
18~24	18	21
25~34	20	22
35~44	21	24

ChatGPT 收到上述内容后，返回如下结果。

根据提供的数据，我们可以分析不同年龄段与性别交叉下用户在平均消费金额方面的差异。以下是根据数据得出的分析结论。

1. 在 18~24 岁年龄段，女性用户的平均消费金额为 21，高于男性用户的 18。这表明在这个年龄段，女性用户的消费水平相对较高。
2. 在 25~34 岁年龄段，女性用户的平均消费金额为 22，仍然高于男性用户的 20。这说明在这个年龄段，女性用户在消费方面仍然很积极。
3. 在 35~44 岁年龄段，女性用户的平均消费金额为 24，高于男性用户的 21。这表明在这个年龄段，女性用户的消费水平依然较高。
4. 总体来看，女性用户在所有年龄段的平均消费金额都高于男性用户。这可能表明女性用户在购物方面更愿意花费，或者购买的商品价格相对较高。
5. 另外，随着年龄的增长，男女用户的平均消费金额都呈上升趋势。这可能是因为随着年龄和收入的增长，用户的消费能力和需求也在增长。

总结：通过对不同年龄段与性别交叉下用户的平均消费金额进行分析，我们发现女性用户在各个年龄段的消费水平普遍高于男性用户，且随着年龄的增长，用户的消费水平呈上升趋势。这些发现可以帮助商家了解目标用户群体的消费特点，从而制定更有效的营销策略。

前三点结论比较容易得出，就是各个交叉维度下的简单对比。重点是第 4、第 5 点，第 4 点是对女性与男性进行整体比较，发现前者更愿意消费，第 5 点是通过年龄段的横向比较总结年龄与收入的关系。我们在实际工作中要多注意与后两点类似的分析，因为它们更有价值。

9.4 同期群分析

同期群分析在一定程度上属于分组分析的一个变种。顾名思义，同期群就是相同时期的群体，同期群分析就是针对相同时期的群体展开分析。接下来我们让 ChatGPT 解释这个方法的概念并提供相应的案例。发送如下内容给 ChatGPT。

> 假如你是一名资深数据分析师，请给我讲讲数据分析中常用的同期群分析，需要包括具体的概念、案例以及如何借助 ChatGPT 进行同期群分析。

ChatGPT 收到上述内容后，返回如下结果。

> 概念
>
> 同期群：同期群是一组在相同时间段内具有相同特征（如注册时间、购买行为等）的用户。同期群分析通常用于比较不同时间段的用户行为，以便更好地了解用户的留存、参与和消费等方面的变化。
>
> 案例
>
> 假设我们要分析一款移动应用程序的用户留存情况。我们可以将用户按照注册时间分为不同的同期群，然后观察这些群体在随后的时间段内的留存表现。
>
> 例如，我们将 2020 年 1 月、2020 年 2 月和 2020 年 3 月的新注册用户分别定义为 A、B 和 C 三个同期群，然后观察这三个群体在接下来 3 个月内的留存情况。
>
> 如何借助 ChatGPT 进行同期群分析?
>
> 要借助 ChatGPT 进行同期群分析，你可以按照以下步骤操作。
>
> 1. 准备数据：首先，你需要准备用户原始数据。这些数据应包括用户特征（如注册时间、购买行为等）以及你关注的指标（如留存率、活跃用户数等）。

2. 提出问题：明确你希望通过同期群分析解答的问题。例如，你可能希望了解不同注册时间的用户在留存方面有何差异。
3. 向 ChatGPT 提供数据和问题：将你的数据和问题输入 ChatGPT 中，请求进行同期群分析。
4. 分析结果：ChatGPT 将根据你提供的数据进行同期群分析，并给出分析结果和见解。

ChatGPT 解释了同期群分析的概念，并按照要求给出了相应的案例以及利用 ChatGPT 进行同期群分析的步骤。接下来我们看看具体的应用案例。发送如下内容给 ChatGPT。

请根据以下数据，分析不同同期群用户在不同日期留存方面的表现差异：

同期群	注册月份	第 1 个月留存率	第 2 个月留存率	第 3 个月留存率
A	2020 年 1 月	40%	30%	25%
B	2020 年 2 月	45%	32%	27%
C	2020 年 3 月	50%	35%	30%

ChatGPT 收到上述内容后，返回如下结果。

根据提供的数据，我们可以分析不同同期群用户在不同日期留存方面的表现差异。以下是对比这些同期群的留存表现的分析。

1. 第 1 个月留存率：

   同期群 C（2020 年 3 月注册）的第 1 个月留存率为 50%，高于同期群 B（2020 年 2 月注册）的 45% 和同期群 A（2020 年 1 月注册）的 40%。这意味着随着注册时间的推移，用户在第 1 个月的留存率有所提升。

2. 第 2 个月留存率：

   同期群 C 的第 2 个月留存率为 35%，高于同期群 B 的 32% 和同期群 A 的 30%。这再次表明，随着注册时间的推移，用户在后续时间段的留存率也有所提升。

3. 第 3 个月留存率:

    同期群 C 的第 3 个月留存率为 30%，高于同期群 B 的 27% 和同期群 A 的 25%。这表明随着注册时间的推移，用户在更长时间段内的留存率仍然有所提升。

总结:

从上述数据中，我们可以观察到随着注册时间的推移，用户的留存率逐渐提高。这可能意味着应用程序在用户体验、功能或运营方面有所改进，从而提高了新用户的留存率。同时，我们还可以看到随着时间的推移，每个同期群的留存率都呈下降趋势，这是正常现象，因为随着时间的推移，用户对应用程序的使用可能会减少。通过比较不同同期群的留存情况，我们可以更好地了解产品改进的效果，从而为进一步优化提供依据。

这次 ChatGPT 给出的结果中规中矩，没有亮眼的结论。同期群分析的核心其实就是横向看和纵向看：通过横向看可以发现，随着时间的推移，每个同期群的留存率都呈下降趋势；通过纵向看可以发现，随着注册时间的推移，同期的各阶段留存率整体呈上升趋势。我们可以试着让 ChatGPT 给出更深层次的结论。发送如下内容给 ChatGPT。

可以得出更深层次的结论吗?

ChatGPT 收到上述内容后，返回如下结果。

是的，除了上述基本结论外，我们还可以从数据中发掘更深层次的信息。以下是一些建议。

1. 留存率下降速度:

    可以观察不同同期群之间留存率下降的速度。例如，同期群 A 从第 1 个月到第 2 个月的留存率下降了 10%（40% – 30%），而同期群 C 在同一时期下降了 15%（50% – 35%）。这可能表明，尽管同期群 C 的留存率整体较高，但留存率下降速度需要留意。

2. 用户留存率提升的原因：

   要深入了解用户留存率提升的原因，我们需要进一步探索这段时间内产品或营销策略的变化。例如，我们可以关注产品功能的更新、用户体验的优化、价格策略的调整或市场营销活动等因素，分析它们对用户留存的影响。

3. 分析留存率与其他指标的关系：

   可以考虑将留存率与其他关键绩效指标（例如用户活跃度、消费金额等）进行关联分析，以了解留存率的提升是否带来了其他方面的改进。例如，我们可以分析同期群 A、B 和 C 在留存率提升的同时，是否在用户活跃度或消费方面有所改善。

4. 同期群内部细分：

   进一步细分同期群内的用户特征，例如按照地域、设备类型、渠道来源等对用户进行分组，以便找出可能存在的差异。这将帮助我们了解特定用户群体的需求和行为，为优化产品和营销策略提供更多依据。

通过深入分析这些方面，我们可以更全面地了解同期群用户在留存方面的表现差异，并为产品优化和营销策略制定提供更多有价值的见解。

果然，我们能够引导 ChatGPT 给出一些更深层次的结论。上述 4 点结论中，只有第 1 点是现成的，也是比较有价值的，考虑了不同同期群之间留存率的下降速度，这个指标也是我们在留存分析中比较关注的。第 2、第 3、第 4 点更多是提供了进一步分析的建议，而非直接的分析结论。

9.5 漏斗分析

漏斗分析在数据分析中也比较常用，主要用于发现各个转化流程中哪个环节有问题。接下来我们让 ChatGPT 解释这个方法的概念并提供相应的案例。发送如下内容给 ChatGPT。

> 假如你是一名资深数据分析师，请给我讲讲数据分析中常用的漏斗分析，需要包括具体的概念、案例以及如何借助 ChatGPT 进行漏斗分析。

ChatGPT 收到上述内容后，返回如下结果。

漏斗分析是一种常用的数据分析方法，用于量化用户在应用程序、网站或其他系统中完成特定目标的过程。通过漏斗分析，我们可以识别用户在转化过程中的关键阶段，并发现可能存在的问题和优化点。漏斗分析通常由一系列有序的步骤组成，用户需要按顺序完成这些步骤以达到最终目标，如购买产品、注册账户等。

具体案例：

假设我们要分析一个电子商务网站的购物流程，可以将购物过程分为以下几个阶段。

1. 访问网站
2. 浏览产品
3. 将产品添加到购物车
4. 进入结算页面
5. 完成支付

在这个例子中，漏斗分析将帮助我们了解用户在每个阶段的转化情况，从而找出可能存在的问题和优化点。

借助 ChatGPT 进行漏斗分析：

要使用 ChatGPT 进行漏斗分析，你需要提供各个阶段的数据。假设我们有以下数据。

访问网站：10 000
浏览产品：8000
将产品添加到购物车：4000
进入结算页面：2000
完成支付：1000

你可以将这些数据输入 ChatGPT 中，并请求它计算每个阶段的转化率，找出可能存在的瓶颈和优化点。示例如下。

请计算以下漏斗阶段的转化率，并分析可能存在的问题和优化点。

访问网站：10 000

浏览产品：8000
将产品添加到购物车：4000
进入结算页面：2000
完成支付：1000

ChatGPT 将根据输入的数据计算每个阶段的转化率，并为你提供关于可能存在的问题和优化点的见解。通过这种方式，你可以利用 ChatGPT 的分析能力来优化用户在应用程序或网站中的转化过程。

ChatGPT 准确解释了漏斗分析的概念，并按照要求给出了相应的案例以及利用 ChatGPT 进行漏斗分析的步骤。接下来我们看看具体的应用案例。发送如下内容给 ChatGPT。

请计算以下漏斗阶段的转化率，并分析目前该漏斗可能存在的问题和优化点。

访问网站：10 000
浏览产品：8000
将产品添加到购物车：4000
进入结算页面：2000
完成支付：1000

ChatGPT 收到上述内容后，返回如下结果。

根据提供的数据，我们可以计算每个漏斗阶段的转化率如下。

1. 访问网站 → 浏览产品：(8000 / 10 000) × 100% = 80%
2. 浏览产品 → 将产品添加到购物车：(4000 / 8000) × 100% = 50%
3. 将产品添加到购物车 → 进入结算页面：(2000 / 4000) × 100% = 50%
4. 进入结算页面 → 完成支付：(1000 / 2000) × 100% = 50%

可能存在的问题和优化点。

1. 从访问网站到浏览产品的转化率为 80%，表现较好，但仍可以进一步优化，例如改进网站导航、提高页面加载速度和提升产品展示效果等，以吸引更多用户浏览产品。

2. 从浏览产品到将产品添加到购物车的转化率为 50%，存在一定的优化空间。可以考虑提供更详细的产品信息、展示用户评价、优化产品筛选和搜索功能等，以提高用户将产品添加到购物车的意愿。
3. 从将产品添加到购物车到进入结算页面的转化率为 50%，说明许多用户将产品添加到购物车后没有继续结算。可以尝试优化购物车页面设计，例如突出优惠信息、提供方便的修改购物车功能以及简化购物车结算流程等，以提高用户进入结算页面的意愿。
4. 从进入结算页面到完成支付的转化率为 50%，这一阶段的优化非常关键，因为它直接影响到收入。可以考虑简化支付流程、提供多种支付方式、增加信任标志和安全提示等，以提高用户完成支付的意愿。

通过对每个漏斗阶段进行深入分析和优化，我们可以提高整体的转化率，从而提高网站的收入和用户满意度。

漏斗分析比较简单，哪个环节的转化率比较低或高一目了然，难点在于找到转化率低的原因并给出优化建议。关于这一方面，ChatGPT 给出了还不错的案例，可供参考。

9.6 相关性分析

相关性分析是数据分析中比较常用也比较基础的一种定量分析方法，主要用于发现两个变量之间的相关性大小。接下来我们让 ChatGPT 解释这个方法的概念并提供相应的案例。发送如下内容给 ChatGPT。

假如你是一名资深数据分析师，请给我讲讲数据分析中常用的相关性分析，需要包括具体的概念、案例以及如何借助 ChatGPT 进行相关性分析。

ChatGPT 收到上述内容后，返回如下结果。

相关性分析是一种数据分析方法，用于衡量两个变量之间的关系强度和方向。相关系数（通常表示为 r）是衡量这种关系的常用指标，其值介于 –1（完全负相关）和 +1（完全正相关）之间，0 表示无相关性。相关性分析的目的是揭示变量之间的潜在联系，并为进一步的因果关系探讨或预测模型提供基础。

案例：

例如，某公司希望分析广告支出与销售额之间的关系。通过收集广告支出和相应销售额的数据，可以计算这两个变量之间的相关系数，以评估它们之间的关联程度。

借助 ChatGPT 进行相关性分析：

要使用 ChatGPT 进行相关性分析，需要提供两个变量的数据。例如，我们可以提供以下广告支出和销售额的数据。

广告支出：[1000, 2000, 3000, 4000, 5000]
销售额：[10000, 18000, 25000, 32000, 40000]

然后，你可以请求 ChatGPT 计算这两个变量之间的相关系数，示例如下。

请计算以下两组数据之间的相关系数。

广告支出：[1000, 2000, 3000, 4000, 5000]
销售额：[10000, 18000, 25000, 32000, 40000]

ChatGPT 将根据输入的数据计算相关系数并返回结果。根据相关系数的大小和符号，你可以了解广告支出与销售额之间的关系强度和方向。这将有助于你了解广告投入对销售额的影响程度，并为未来的广告策略制定提供参考。

相关性分析的概念比较简单，ChatGPT 给出的解释是准确的，并按照要求提供了相应的案例以及利用 ChatGPT 进行相关性分析的步骤。接下来我们看看具体的应用案例。发送如下内容给 ChatGPT。

请根据我提供的数据，对广告支出和销售额进行相关性分析。

广告支出：[1000, 2000, 3000, 4000, 5000]
销售额：[10000, 18000, 25000, 32000, 40000]

ChatGPT 收到上述内容后，返回如下结果。

基于你提供的数据,我们可以计算广告支出和销售额之间的相关系数。以下是计算过程。

广告支出:[1000, 2000, 3000, 4000, 5000]
销售额:[10000, 18000, 25000, 32000, 40000]

我们将使用皮尔逊相关系数(Pearson correlation coefficient)来衡量这两个变量之间的相关性。计算结果如下:

皮尔逊相关系数(r)= 0.995

相关系数接近 1,表明广告支出和销售额之间存在很强的正相关关系。这意味着随着广告支出的增加,销售额也会相应增加。

需要注意的是,相关性分析只能揭示变量之间的关联程度,但不能确定因果关系。在实际应用中,还需考虑其他潜在因素和进行更深入的分析。

两个变量之间的相关性分析比较简单,只需计算一个相关系数即可得出结果。我们来看一个多变量之间相关性分析的例子。发送如下内容给 ChatGPT。

我有 5 个变量的数据,请针对这些变量展开相关性分析。

变量 A:[1, 2, 3, 4, 5]
变量 B:[2, 4, 6, 8, 10]
变量 C:[10, 8, 6, 4, 2]
变量 D:[3, 1, 5, 2, 4]
变量 E:[7, 14, 21, 28, 35]

ChatGPT 收到上述内容后,返回如下结果。

基于你提供的数据,我们将计算这 5 个变量之间的相关系数。以下是计算结果:

变量对	皮尔逊相关系数 (r)
A - B	1.00
A - C	–1.00

（续）

变量对	皮尔逊相关系数 (r)
A - D	0.00
A - E	1.00
B - C	–1.00
B - D	0.00
B - E	1.00
C - D	0.00
C - E	–1.00
D - E	0.00

相关性分析结果如下。

1. 变量 A 与变量 B 呈完全正相关（$r = 1.00$），B 的值随着 A 的增大而增大。
2. 变量 A 与变量 C 呈完全负相关（$r = –1.00$），C 的值随着 A 的增大而减小。
3. 变量 A 与变量 D 之间没有明显的相关性（$r = 0.00$），D 的值变化没有规律。
4. 变量 A 与变量 E 呈完全正相关（$r = 1.00$），E 的值随着 A 的增大而增大。
5. 变量 B 与变量 C 呈完全负相关（$r = –1.00$）。
6. 变量 B 与变量 D 之间没有明显的相关性（$r = 0.00$）。
7. 变量 B 与变量 E 呈完全正相关（$r = 1.00$）。
8. 变量 C 与变量 D 之间没有明显的相关性（$r = 0.00$）。
9. 变量 C 与变量 E 呈完全负相关（$r = –1.00$）。
10. 变量 D 与变量 E 之间没有明显的相关性（$r = 0.00$）。

需要注意的是，相关性分析只能揭示变量之间的关联程度，而不能确定因果关系。在实际应用中，还需考虑其他潜在因素和进行更深入的分析。

对于多变量，ChatGPT 会计算任意两个变量之间的相关系数，并基于此给出最终结果。因为这里的变量用 A、B、C、D、E 代称，所以无法基于变量名做出进一步的解释。

9.7 热力图分析

热力图分析既可以算作一种可视化方法，也可以算作一种分析方法，主要用于直观地展示数据的分布情况。接下来我们让 ChatGPT 解释这个方法的概念并提供相应的案例。发送如下内容给 ChatGPT。

假如你是一名资深数据分析师，请给我讲讲数据分析中常用的热力图分析，需要包括具体的概念、案例以及如何借助 ChatGPT 进行热力图分析。

ChatGPT 收到上述内容后，返回如下结果。

热力图分析是一种数据可视化技术，它通过颜色变化来表示二维数据集中不同位置的值的大小。在热力图中，颜色的深浅表示数据的大小。例如，较深的颜色表示较大的值，而较浅的颜色表示较小的值。热力图可以帮助我们快速了解数据集中的趋势、关联和异常值。

案例：

假设我们需要分析一个电商网站在不同时间段和不同产品类别下的销售额。我们可以使用热力图将一周的不同天数（例如，星期一到星期日）和不同产品类别（例如，家电、服装、食品）的销售额进行可视化。这样，我们可以轻松地发现哪些天和哪些产品类别的销售额较高或较低。

借助 ChatGPT 进行热力图分析：

虽然 ChatGPT 本身无法直接生成热力图，但它可以帮助你分析数据并提供一些关于数据的描述性分析。你可以将这些分析结果与专业的数据可视化工具（如 Tableau、Power BI、Python 的 seaborn 库等）结合使用，以生成热力图。

首先，你需要提供一个包含行、列和对应值的数据集。然后，你可以向 ChatGPT 询问关于数据集的问题，比如数据中的最大值、最小值、异常值等。最后，你可以根据这些分析结果，使用数据可视化工具创建热力图。

例如，如果需要分析一个电商网站在不同时间段和不同产品类别下的销售额，你可以向 ChatGPT 提供这样的数据。

星期一：家电 1000，服装 800，食品 600
星期二：家电 1200，服装 900，食品 700
星期三：家电 1500，服装 1000，食品 800
星期四：家电 1300，服装 1100，食品 900

星期五：家电 1400，服装 1200，食品 1000
星期六：家电 1800，服装 1500，食品 1200
星期日：家电 2000，服装 1600，食品 1300

然后，你可以向 ChatGPT 提问，以获取关于数据的洞察。最后，使用数据可视化工具创建热力图，以更直观地查看数据的分布和趋势。

ChatGPT 给出了该分析方法的说明以及案例。尽管目前 ChatGPT 无法直接生成热力图，但是我们可以让其根据热力图的原始数据生成一定的数据洞察。发送如下内容给 ChatGPT。

请基于以下数据生成的热力图给出相应的数据洞察。

星期一：家电 1000，服装 800，食品 600
星期二：家电 1200，服装 900，食品 700
星期三：家电 1500，服装 1000，食品 800
星期四：家电 1300，服装 1100，食品 900
星期五：家电 1400，服装 1200，食品 1000
星期六：家电 1800，服装 1500，食品 1200
星期日：家电 2000，服装 1600，食品 1300

ChatGPT 收到上述内容后，返回如下结果。

虽然我不能直接生成热力图，但根据提供的数据，我可以给出以下数据洞察。

1. 家电销售额在一周内呈现逐渐增长的趋势，星期日的销售额最高，达到 2000，而星期一的销售额最低，为 1000。
2. 服装销售额同样呈现逐渐增长的趋势，星期日的销售额最高，达到 1600，而星期一的销售额最低，为 800。
3. 食品销售额也呈现逐渐增长的趋势，星期日的销售额最高，达到 1300，而星期一的销售额最低，为 600。
4. 在所有产品类别中，家电销售额整体上较高，而食品销售额相对较低。

5. 从星期一到星期日，所有产品类别的销售额都呈现出上升趋势，说明在周末，这些产品的销售额可能会有所提高。

为了更好地理解这些数据洞察，你可以使用数据可视化工具（如 Tableau、Power BI 或 Python 的 seaborn 库）生成热力图。通过热力图，你可以更直观地查看数据的分布和趋势，从而发现潜在的业务机会或需要关注的问题。

ChatGPT 不仅发现了各品类内部的销售额趋势，也发现了品类之间的销售额趋势。我们将上述数据绘制成热力图，最简单的热力图是 Excel 中的色阶图，如图 9-1 所示。我们能够直观地看出图 9-1 左下角和右上角的颜色比较深，即周末家电品类销售额很高，而工作日食品品类销售额很低。这就是热力图的好处，能够直观地展现数据分布规律。

星期几	家电	服装	食品
星期一	1000	800	600
星期二	1200	900	700
星期三	1500	1000	800
星期四	1300	1100	900
星期五	1400	1200	1000
星期六	1800	1500	1200
星期日	2000	1600	1300

图 9-1 色阶图

9.8 象限分析

象限分析既可以算作一种可视化方法，也可以算作一种分析方法，能够让我们直观地看到数据的分布情况，从而发现一些规律。接下来我们让 ChatGPT 解释这个方法的概念并提供相应的案例。发送如下内容给 ChatGPT。

假如你是一名资深数据分析师，请给我讲讲数据分析中常用的象限分析，需要包括具体的概念、案例以及如何借助 ChatGPT 进行象限分析。

ChatGPT 收到上述内容后，返回如下结果。

象限分析是一种数据分析方法，它使用二维图表将数据点分成四个象限，以便更容易地进行分析、比较和优先处理。每个象限代表了两个关键指标之间的特定组合。这种分析方法可以用于评估项目、产品、市场机会等事物的相对优势和劣势。

概念：

象限分析使用二维图表将数据点分为四个象限。两个轴代表关键指标（例如，市场潜力和竞争优势）。数据点根据这两个指标的数值被绘制在图表上，从而形成四个象限。每个象限代表一个特定的组合（例如，高市场潜力 / 高竞争优势、低市场潜力 / 低竞争优势等）。

案例：

假设你负责一家公司的产品线规划。你可以使用象限分析来评估现有产品和潜在新产品的市场机会和竞争地位。在这种情况下，你可以选择两个关键指标，例如市场增长率（纵轴）和相对市场份额（横轴）。通过将这些指标绘制在二维图表上，你可以将产品分为四个象限：

1. 星级产品（高市场增长率，高市场份额）
2. 问号产品（高市场增长率，低市场份额）
3. 现金牛产品（低市场增长率，高市场份额）
4. 瘦狗产品（低市场增长率，低市场份额）

如何使用 ChatGPT 进行象限分析：

要借助 ChatGPT 进行象限分析，你可以提供所需的数据和关键指标。例如，你可以将产品数据和指标（如市场增长率和相对市场份额）提供给 ChatGPT，然后请求其进行分析。ChatGPT 可以帮助你识别每个产品所属的象限，并提供有关不同象限之间关系和特点的见解。

ChatGPT 给出了该分析方法的说明以及案例。象限分析的重点是可视化，通过将数据绘制在四个象限中，数据的分布规律会很直观地呈现。虽然目前 ChatGPT 无法直接生成四象限图，但是可以识别每个数据所属的象限，并提供关于不同象限之间关系和特点的见解。接下来我们看看具体的应用案例。发送如下内容给 ChatGPT。

下面是 6 款产品的市场增长率和市场份额数据，需要你对这份数据进行象限分析：

产品	市场增长率	相对市场份额
产品 A	0.25	0.6
产品 B	0.15	0.35
产品 C	0.4	0.75
产品 D	0.05	0.2
产品 E	0.3	0.55
产品 F	0.1	0.15

ChatGPT 收到上述内容后，返回如下结果。

根据所提供的数据，我们可以进行象限分析。首先，我们需要确定市场增长率和相对市场份额的均值或中位数。在这个案例中，我们可以计算得出：

市场增长率均值 = (0.25 + 0.15 + 0.4 + 0.05 + 0.3 + 0.1) / 6 ≈ 0.2083
相对市场份额均值 = (0.6 + 0.35 + 0.75 + 0.2 + 0.55 + 0.15) / 6 ≈ 0.425

然后，我们可以根据市场增长率和相对市场份额的均值将产品划分到相应的象限。

1. 星级产品（高市场增长率，高市场份额）：市场增长率 > 0.2083，市场份额 > 0.425
2. 现金牛产品（低市场增长率，高市场份额）：市场增长率 ≤ 0.2083，市场份额 > 0.425
3. 问号产品（高市场增长率，低市场份额）：市场增长率 > 0.2083，市场份额 ≤ 0.425
4. 瘦狗产品（低市场增长率，低市场份额）：市场增长率 ≤ 0.2083，市场份额 ≤ 0.425

按照这些标准，我们可以将这 6 款产品划分如下。

1. 星级产品：产品 C
2. 现金牛产品：产品 A
3. 问号产品：产品 E
4. 瘦狗产品：产品 B、产品 D、产品 F

根据这些分类，企业可以调整相应的资源分配策略，优先投资星级产品和现金牛产品，同时关注问号产品的市场份额提升，对于瘦狗产品，可能需要重新审视市场定位或减少资源投入。

在象限分析中，我们一般将数据按照均值或中位数划分到四个象限，ChatGPT 也是这么做的。不同象限所代表的业务含义不同，我们可以针对不同象限的产品采取不同的策略。

9.9 SWOT 分析

SWOT 是咨询分析中常用的一种框架，在日常的业务分析中偶尔也会用到。接下来我们让 ChatGPT 解释这个方法的概念并提供相应的案例。发送如下内容给 ChatGPT。

假如你是一名资深数据分析师，请给我讲讲数据分析中常用的 SWOT 分析，需要包括具体的概念、案例以及如何借助 ChatGPT 进行 SWOT 分析。

ChatGPT 收到上述内容后，返回如下结果。

SWOT 分析是一种用于评估组织、项目或产品的战略规划工具。SWOT 是 strengths（优势）、weaknesses（劣势）、opportunities（机会）和 threats（威胁）的首字母缩写，这四个方面的分析可以帮助企业识别与管理内部和外部的关键因素，以制定有效的策略和决策。

1. 优势（strengths）：分析组织、项目或产品在竞争环境中的内部优势，如核心竞争力、资源、技术、人才等。
2. 劣势（weaknesses）：分析组织、项目或产品在竞争环境中的内部劣势，如缺乏资源、流程低效、技术落后等。
3. 机会（opportunities）：分析组织、项目或产品所处市场或外部环境中的机会，如市场需求、政策支持、技术创新等。
4. 威胁（threats）：分析组织、项目或产品所处市场或外部环境中的威胁，如竞争对手、政策变化、市场变化等。

案例：假设你是一家手机制造商，可以通过 SWOT 分析来评估你的产品在市场中的竞争地位。

1. 优势：先进的技术、专业的研发团队、高品质的产品、良好的品牌口碑
2. 劣势：高昂的生产成本、有限的营销资源、缺乏全球化经验
3. 机会：不断增长的智能手机需求、新兴市场的拓展、技术创新带来的差异化竞争优势
4. 威胁：激烈的市场竞争、价格战、政策变动、供应链波动

如何借助 ChatGPT 进行 SWOT 分析？

你可以向 ChatGPT 提供关于组织、项目或产品的相关信息，要求它帮助你进行 SWOT 分析。例如，你可以提供所在行业、竞争对手、目标市场等信息，然后询问如何进行 SWOT 分析。ChatGPT 将基于所提供的信息，帮助你分析优势、劣势、机会和威胁，并给出相应的策略和建议。

对于 SWOT 分析，我们首先需要弄清楚这四个字母分别代表什么，这里 ChatGPT 给出了解释。SWOT 分析涉及对业务和行业的理解，ChatGPT 无法直接帮我们完成，但是可以提供分析思路。发送如下内容给 ChatGPT。

我在一家聚焦 AI 的初创游戏公司工作，现在要开展 SWOT 分析，请告诉我如何一步一步开展工作。

ChatGPT 收到上述内容后，返回如下结果。

在一家聚焦 AI 的初创游戏公司开展 SWOT 分析，可以按照以下步骤进行。

1. 收集信息：首先，你需要收集有关公司、市场、竞争对手和行业趋势的相关信息。这包括了解你的产品和服务、企业文化、资源和能力、市场规模、竞争对手的优缺点、技术发展和行业政策等方面的信息。
2. 确定优势（strengths）：分析你的公司在竞争环境中的内部优势。这可以包括：

   - 先进的 AI 技术
   - 独特的游戏设计

- 经验丰富的团队
- 与游戏发行商的良好合作关系
- 对目标市场的深刻理解

3. 确定劣势（weaknesses）：分析你的公司在竞争环境中的内部劣势。这可以包括：

- 有限的资金来源
- 缺乏市场推广经验
- 对特定游戏引擎或平台的依赖
- 缺乏知名度和品牌影响力
- 时间和资源紧张

4. 确定机会（opportunities）：分析你的公司所处市场和外部环境中的机会。这可以包括：

- 游戏行业持续增长的市场需求
- 新兴市场的拓展
- 跨平台发行和云游戏的发展
- 合作伙伴关系的拓展
- AI 技术不断进步带来的创新机会

5. 确定威胁（threats）：分析你的公司所处市场和外部环境中的威胁。这可以包括：

- 激烈的市场竞争
- 快速变化的技术
- 法规和政策变化
- 用户数据隐私和安全问题
- 对于知识产权的保护和侵权风险

6. 制定策略和行动计划：根据 SWOT 分析的结果，制定相应的策略和行动计划来加强公司的优势、减少劣势、抓住机会和应对威胁。例如：

- 加大研发投入，持续优化 AI 技术和游戏设计
- 寻求战略投资伙伴，解决资金问题

- 制定并执行有效的市场推广策略，提高知名度和品牌影响力
- 调整产品线，聚焦有潜力的市场和游戏类型
- 加强与发行商、开发商和其他合作伙伴的合作关系
- 建立内部培训和招聘机制，提高团队的技能，积累经验
- 关注政策法规的变化，确保公司遵循相关规定
- 加强对知识产权的保护和管理，降低侵权风险
- 提高公司对数据隐私和安全的关注，确保用户信息安全

7. 监测与评估：执行策略和行动计划后，定期监测公司的业绩指标，如销售额、市场份额、用户满意度等。根据实际执行情况，对 SWOT 分析进行更新，调整策略和行动计划以应对市场和行业的变化。

要借助 ChatGPT 进行 SWOT 分析，可以按照上述步骤进行操作。在每个步骤中，你可以向 ChatGPT 提问或者寻求建议。例如，在收集信息阶段，你可以通过 ChatGPT 来了解竞争对手的信息；在制定策略和行动计划阶段，你可以向 ChatGPT 咨询具体的市场推广策略等。通过与 ChatGPT 的互动，你将能够更全面地进行 SWOT 分析并制定相应的策略和行动计划。

我们可以大致参考上述步骤开展相应的分析。

9.10 PEST 分析

PEST 分析与 SWOT 比较类似，也是咨询分析中常用的一种框架。接下来我们让 ChatGPT 解释这个方法的概念并提供相应的案例。发送如下内容给 ChatGPT。

> 假如你是一名资深数据分析师，请给我讲讲数据分析中常用的 PEST 分析，需要包括具体的概念、案例以及如何借助 ChatGPT 进行 PEST 分析。

ChatGPT 收到上述内容后，返回如下结果。

PEST 分析是一种宏观环境分析工具，用于评估市场的政治（political）、经济（economic）、社会（sociocultural）和技术（technological）因素。这些因素可能影响一个公司、行业或市场的运营和竞争地位。PEST 分析有助于公司发现机会和挑战，制定相应的战略。

案例：假设你正在考虑在新市场上推出一款智能家居产品。为了更好地了解市场环境和可能的影响因素，你可以进行一次 PEST 分析。

1. 政治因素：

   - 当地政府对于智能家居行业的支持和政策
   - 法规和标准（如数据隐私和安全性要求）
   - 可能的贸易限制或关税

2. 经济因素：

   - 当地市场的消费能力和购买力
   - 经济增长率和通货膨胀率
   - 利率和货币汇率

3. 社会因素：

   - 目标市场的消费者需求和偏好
   - 人口结构和家庭组成
   - 社会价值观和消费者对技术的接受程度

4. 技术因素：

   - 技术创新和发展趋势
   - 基础设施和互联网普及率
   - 竞争对手的技术实力和创新能力

借助 ChatGPT 进行 PEST 分析的方法。

1. 收集信息：向 ChatGPT 提问以获取相关信息。例如，询问特定国家 / 地区的政治环境、经济状况、社会趋势和技术发展。

2. 分析数据：根据收集到的信息，与 ChatGPT 讨论每个 PEST 因素对公司的影响，以及可能的机会和挑战。
3. 制定战略：根据分析结果，与 ChatGPT 一起探讨如何制定战略以应对市场环境变化。例如，如何在特定市场调整产品价格策略、市场推广策略等。

通过与 ChatGPT 的互动，你将能够更全面地进行 PEST 分析，并制定相应的战略和行动计划。

关于 PEST 分析，我们也需要先弄清楚这四个字母分别代表什么，这里 ChatGPT 给出了解释，还指导我们做该分析时如何利用 ChatGPT。

至此，我们了解了如何利用 ChatGPT 进行常见的数据分析。关于分析方法的概念，ChatGPT 解释得都没有问题。至于分析结论，大家需要根据实际业务情况选择性地吸收。

第 10 章

ChatGPT 在专题分析中的应用

专题分析是指针对特定主题或问题进行的数据分析。与一般的数据分析相比，专题分析更加侧重于解决特定的问题或研究特定的主题，其主要目的是深入探究某一问题，对其进行详细的分析和解释，以便更好地了解问题的本质和规律。专题分析需要综合运用数据处理、统计分析、数据可视化等多项技能。

我们先来看看在专题分析中 ChatGPT 可以做什么。发送如下内容给 ChatGPT。

在数据分析的专题分析中，ChatGPT 能发挥什么作用?

ChatGPT 收到上述内容后，返回如下结果。

ChatGPT 可以在数据分析的专题分析中发挥多种作用，帮助数据分析师更高效地开展工作。

1. 数据清洗与预处理：ChatGPT 可以帮助数据分析师处理缺失值、异常值和重复值，以确保数据质量。
2. 探索性数据分析：通过描述性统计分析和提供可视化建议，ChatGPT 可以帮助数据分析师发现数据中的潜在趋势、关联和模式。
3. 提出假设与问题：基于业务背景，ChatGPT 可以协助数据分析师生成有针对性的问题和假设，为后续分析提供方向。
4. 选择合适的分析方法：ChatGPT 可以为数据分析师推荐适当的统计方法和模型，以便在不同场景中进行深入分析。
5. 分析结果解释：ChatGPT 可以帮助数据分析师解读分析结果，以确保理解结果的真实含义，并为业务提供有价值的见解。

6. 数据故事化与报告撰写：ChatGPT 可以帮助数据分析师梳理分析过程和结果，撰写清晰、易于理解的报告，从而使非技术人员也能够理解分析结果。
7. 优化与迭代：基于分析结果和业务反馈，ChatGPT 可以提供优化建议，指导数据分析师进行下一步的分析迭代。

通过这些功能，ChatGPT 可以在数据分析的专题分析中发挥积极作用，帮助数据分析师提高工作效率和质量。

如前所述，目前我们无法给 ChatGPT 传入太多数据，而专题分析一般需要对大量的、多维度、多来源的数据展开综合性分析，所以直接把数据传给 ChatGPT，让其展开专题分析不太现实。但我们可以看看，在没有数据的情况下，ChatGPT 可以在专题分析中做什么。发送如下内容给 ChatGPT。

在无法提供数据的情况下，你还能够做什么？

ChatGPT 收到上述内容后，返回如下结果。

在无法直接访问数据的情况下，ChatGPT 仍然可以为你提供以下帮助。

1. 方法论和理论知识：ChatGPT 可以解答关于统计学、机器学习、数据科学等领域的理论知识和方法论方面的问题。
2. 分析策略建议：根据你描述的业务背景和问题，ChatGPT 可以为你提供分析策略和步骤的相关建议。
3. 技术指导：ChatGPT 可以为你提供关于编程语言（如 Python、R）、数据处理工具（如 Excel、SQL）或数据可视化工具（如 Tableau、Power BI）的使用指南和技巧。
4. 分析流程与框架：ChatGPT 可以帮助你设计数据分析项目的整体流程和框架，包括数据收集、预处理、建模、评估和优化等环节。
5. 数据可视化建议：即使没有具体数据，ChatGPT 也可以根据你的分析目标和需求，为你推荐合适的可视化图表类型和设计原则。
6. 案例分析：ChatGPT 可以为你提供相关领域的案例分析，帮助你了解其他企业或个人如何解决类似的问题。

7. 培训与学习资源：ChatGPT 可以为你推荐学习资源，如在线课程、书籍、博客文章等，帮助你深入了解数据分析知识。

尽管无法直接处理数据，但 ChatGPT 仍可在数据分析过程中为你提供支持和有价值的建议。

可以看到，即使在没有数据的情况下，ChatGPT 依然可以帮我们做上述几件事。接下来，我们就以数据分析工作中常见的一些专题分析为例，看看 ChatGPT 在其中如何发挥作用。

10.1 搭建数据指标体系

数据指标体系是指用于描述、衡量、评价特定业务或问题的一组指标。一个完善的数据指标体系通常包含多方面的指标，从而为决策者提供准确、全面、可靠的数据支持，帮助决策者制定更科学、更合理的决策。

我们可以让 ChatGPT 构建特定业务的数据指标体系，比如针对电商平台的。发送如下内容给 ChatGPT。

假如你是某电商平台的一名数据分析师，请构建该平台的数据指标体系。

ChatGPT 收到上述内容后，返回如下结果。

在构建一个电商平台的数据指标体系时，我们需要考虑以下几个维度：用户、商品、交易、营销、客服和平台运营。以下是各个维度下的关键数据指标。

1. 用户维度：

   a. 注册用户数
   b. 活跃用户数（DAU/MAU）
   c. 用户留存率（次日留存、7 日留存、30 日留存）
   d. 用户转化率（浏览 – 搜索 – 加购 – 下单 – 支付）
   e. 用户平均消费金额（ARPU）

    f. 用户生命周期价值（LTV）

2. 商品维度：

    a. 商品总数
    b. 商品销量
    c. 商品浏览量 / 点击量
    d. 商品加购次数
    e. 商品详情页跳出率
    f. 商品评论数及评分

3. 交易维度：

    a. 订单总数
    b. 订单金额
    c. 订单取消率
    d. 成交件数
    e. 购物车转化率
    f. 支付方式分布

4. 营销维度：

    a. 营销活动参与人数
    b. 营销活动销售额
    c. 优惠券发放数量
    d. 优惠券使用率
    e. 营销费用
    f. 营销费用回报率（ROI）

5. 客服维度：

    a. 客服咨询次数
    b. 客服满意度
    c. 用户投诉量

d. 退换货申请量
e. 退换货处理时长
f. 售后服务成本

6. 平台运营维度：

a. 网站访问量（PV/UV）
b. 页面跳出率
c. 平均访问时长
d. 访问深度
e. 流量来源分布（自然搜索、付费广告、社交媒体等）
f. 网站可用性（页面加载速度、页面错误率等）

根据具体业务需求，可以对这些指标进行细分和扩展。这个数据指标体系可以帮助电商平台全面了解用户行为、商品表现、交易情况、营销效果、客服质量和平台运营状况，为进一步优化和发展提供数据支持。

ChatGPT 构建的数据指标体系很完善，涵盖了用户、商品、交易、营销、客服和平台运营多个维度。通过这个数据指标体系，我们能够全面地了解全平台的业务情况。我们也可以让 ChatGPT 按照特定的思路构建数据指标体系，比如按照电商领域里经典的“人货场”思路构建新的数据指标体系。发送如下内容给 ChatGPT。

请按照“人货场”的思路重新构建数据指标体系。

ChatGPT 收到上述内容后，返回如下结果。

按照“人货场”（用户、商品、场景）的思路，我们可以重新构建电商平台的数据指标体系如下。

1. 用户维度（人）：

a. 注册用户数
b. 活跃用户数（DAU/MAU）

    c. 用户留存率（次日留存、7 日留存、30 日留存）
    d. 用户转化率（浏览 – 搜索 – 加购 – 下单 – 支付）
    e. 用户平均消费金额（ARPU）
    f. 用户生命周期价值（LTV）

2. 商品维度（货）:

    a. 商品总数
    b. 商品销量
    c. 商品浏览量 / 点击量
    d. 商品加购次数
    e. 商品详情页跳出率
    f. 商品评论数及评分
    g. 商品库存
    h. 商品分类及品牌分布

3. 场景维度（场）:

    a. 首页 / 专题页 / 活动页访问量（PV/UV）
    b. 页面跳出率
    c. 平均访问时长
    d. 访问深度
    e. 流量来源分布（自然搜索、付费广告、社交媒体等）
    f. 网站可用性（页面加载速度、页面错误率等）
    g. 营销活动效果（参与人数、销售额、营销费用回报率）
    h. 优惠券发放与使用情况

这个数据指标体系关注用户、商品和场景三个方面，可以帮助电商平台全面了解用户行为、商品表现和场景效果。在实际应用中，可以根据具体业务需求对这些指标进行细分和扩展，以便更好地指导优化和发展。

可以看到，ChatGPT 按照“人货场”三个维度重新构建了数据指标体系。有时我们可能不负责整个平台的分析，而只负责某个模块的分析，这时也可以让 ChatGPT 来帮忙。发送如下内容给 ChatGPT。

> 假如你是某电商平台的一名数据分析师，请针对平台的每日秒杀模块构建相关的数据指标体系。

ChatGPT 收到上述内容后，返回如下结果。

作为电商平台的一名数据分析师，针对每日秒杀模块，可以从以下几个方面来构建数据指标体系。

1. 用户相关指标：
    a. 参与秒杀活动的用户数
    b. 新增参与秒杀活动的用户数
    c. 用户参与秒杀活动的次数
    d. 用户转化率（购买成功用户数 / 参与秒杀活动用户数）
    e. 用户留存率（连续参与秒杀活动的用户数 / 总参与用户数）
2. 商品相关指标：
    a. 参与秒杀活动的商品数
    b. 秒杀商品的品类分布
    c. 秒杀商品的销售额
    d. 秒杀商品的销量
    e. 秒杀商品的平均售价
    f. 秒杀商品的库存数量
    g. 秒杀商品的售罄率（销量 / 库存数量）
3. 平台相关指标：
    a. 秒杀活动的总访问量
    b. 秒杀活动的总订单量
    c. 平台秒杀活动的整体转化率（订单量 / 访问量）

d. 秒杀活动页面的跳出率
e. 秒杀活动页面的用户平均停留时间

4. 营销相关指标：

a. 营销活动覆盖用户数
b. 营销活动点击量
c. 营销活动转化率（参与秒杀活动用户数 / 营销活动点击量）
d. 营销活动的成本
e. 营销活动的投资回报率（秒杀活动收入 / 营销活动成本）

通过这些数据指标体系，我们可以全面了解每日秒杀活动的效果，找出优化方向，不断提高用户参与度和收益。同时，也可以通过对比不同时间段、不同品类、不同营销手段等方面的数据，进行深入的数据挖掘和分析，为电商平台提供更具针对性的改进建议。

ChatGPT 构建出了细分模块——每日秒杀的数据指标体系。我们也可以让其构建其他业务的数据指标体系。发送如下内容给 ChatGPT。

假如你是某陌生人社交平台的一名数据分析师，请构建该平台的数据指标体系。

ChatGPT 收到上述内容后，返回如下结果。

作为陌生人社交平台的一名数据分析师，可以从用户维度、互动维度和运营维度构建数据指标体系。

1. 用户维度：

a. 注册用户数
b. 活跃用户数（DAU/MAU）
c. 用户留存率（次日留存、7 日留存、30 日留存）
d. 用户性别、年龄、地域分布

e. 用户画像（兴趣、职业、教育背景等）

f. 匹配成功率

2. 互动维度：

a. 总匹配次数

b. 平均每日匹配次数

c. 单次匹配时长

d. 匹配率（匹配成功次数 / 匹配请求次数）

e. 互动率（聊天次数 / 匹配次数）

f. 消息回复率

g. 聊天时长分布

h. 举报、屏蔽及封禁用户数量

3. 运营维度：

a. 营收（广告收入、会员收入、付费功能收入）

b. 付费用户数及付费率

c. 用户生命周期价值（LTV）

d. 用户获取成本（CAC）

e. 营销活动效果（参与人数、收益、营销费用回报率）

f. 用户满意度（用户评分、用户反馈）

这个数据指标体系关注用户、互动和运营三个方面，可以帮助陌生人社交平台全面了解用户行为、互动效果和运营状况。在实际应用中，可以根据具体业务需求对这些指标进行细分和扩展，以便更好地指导优化和发展。

可以看到，ChatGPT 给出的数据指标比较全面，不仅包括用户规模等宏观指标，也包括匹配率、互动率等微观指标，还有社交领域所独有的举报、屏蔽及封禁用户数量等指标。当然，ChatGPT 也可以构建其他领域的数据指标体系，只需在提示中输入具体的要求即可，这里就不再赘述了。

10.2 探索性分析

探索性分析，顾名思义，就是对数据进行初步探索，即不带有任何预设地观察数据有什么规律。通过探索性分析，我们能够发现一些有趣的点，进而开展深入分析。

如前所述，目前我们无法给 ChatGPT 传入太多数据，但是可以用小量级的数据感受 ChatGPT 在探索性分析方面的作用。发送如下内容给 ChatGPT。

帮我生成一份 10 行左右的电商平台用户行为数据，并给出关于这份数据的探索性分析结果。

ChatGPT 收到上述内容后，返回如下结果。

以下是一份包含 10 行的电商平台用户行为数据：

用户 ID, 访问时间 , 访问页面 , 停留时长（秒）, 操作类型 , 商品 ID
1,2023-04-01 10:02:35, 商品详情页 ,180, 查看 ,1001
2,2023-04-01 10:12:22, 首页 ,60, 浏览 , 无
3,2023-04-01 10:15:47, 购物车 ,120, 加购 ,1002
4,2023-04-01 10:20:11, 商品详情页 ,240, 查看 ,1003
5,2023-04-01 10:35:05, 商品列表页 ,90, 浏览 , 无
6,2023-04-01 10:42:01, 搜索结果页 ,80, 浏览 , 无
7,2023-04-01 11:10:44, 商品详情页 ,210, 查看 ,1004
8,2023-04-01 11:17:16, 购物车 ,150, 下单 ,1002
9,2023-04-01 11:25:01, 首页 ,55, 浏览 , 无
10,2023-04-01 11:31:25, 商品详情页 ,205, 查看 ,1005

基于这份数据的探索性分析结果如下。

1. 在这 10 条记录中，5 条记录涉及查看商品详情页，占比 50%，说明用户对商品的详细信息很感兴趣。
2. 2 条记录是用户在首页和商品列表页的浏览行为，占比 20%，表明首页和商品列表页也是用户关注的重点。

3. 1 条记录是用户在购物车中加购商品，占比 10%。
4. 1 条记录是用户在购物车页面中下单，占比 10%，这说明在这 10 条记录中，有 10% 的购买转化率。
5. 搜索结果页的浏览行为占比 10%，显示用户在寻找感兴趣的商品时会使用搜索功能。
6. 用户的平均停留时长为 125 秒，说明用户在平台上的活跃度较高。

需要注意的是，这仅仅是基于 10 条数据的简单探索性分析，实际情况可能会有很大差异。在实际应用中，需要对更多的数据进行深入分析以获得更准确的结论。

可以看到，ChatGPT 不仅给出了一些基础的统计结果，比如查看商品详情页占比（50%），还基于这个统计结果得出进一步的推论“说明用户对商品的详细信息很感兴趣”。因为这里只有 10 条数据，所以可以发现的规律有限，如果有更多数据，ChatGPT 应该可以发现更多有价值的点。在工作中，我们可以把将实际数据抽样一部分发送给 ChatGPT，让其产出一些探索性分析结论。不过需要注意数据安全问题，最好先脱敏再上传。

10.3 数据异常归因专题分析

异常归因是数据分析中比较高频的场景，其核心由两部分组成，一个是从哪些维度进行拆解，另一个是各个子维度对变动的贡献度是多少。接下来我们看看如何利用 ChatGPT 进行异常归因。

发送如下内容给 ChatGPT。

假如你是某电商平台的一名数据分析师，发现昨日的 GMV 环比下降了 5%，请对这一数据变动做出归因。

ChatGPT 收到上述内容后，返回如下结果。

作为电商平台的数据分析师，发现昨日的 GMV 环比下降了 5% 后，我需要对这一数据变动进行归因分析。以下是可能的分析步骤。

1. 数据核实：首先需要核实数据的准确性，确保昨日的 GMV 数据没有错误或异常值。

2. 时序分析：查看过去一段时间的 GMV 走势，了解昨日的下降是短期波动还是长期趋势。
3. 细分维度分析：按照不同维度（如商品类别、用户群体、地域等）对 GMV 进行细分，找出下降的主要来源。例如，可能某个商品类别或地区的销售额下降较多。
4. 营销活动分析：检查昨日和前几日的营销活动情况，了解是否有优惠活动结束或新活动未能吸引用户等情况导致 GMV 下降。
5. 库存与供应链分析：分析库存和供应链情况，了解是否存在缺货、物流延误等因素影响了 GMV。
6. 用户行为分析：研究用户在平台上的行为数据，如访问量、浏览时长、转化率等，找出可能影响 GMV 的关键环节。
7. 竞争对手分析：了解竞争对手的活动和策略，评估它们是否对本平台的 GMV 产生了影响。
8. 外部因素分析：考虑节假日、季节性等外部因素对 GMV 的影响。例如，某些节日可能会导致用户购买行为减少。

通过以上分析步骤，我们可以找出昨日 GMV 下降的主要原因，为平台提供改进和优化的建议。在实际工作中，可能需要结合多个维度和方法进行综合分析。

ChatGPT 给出的归因步骤是可行的。遇到数据变动，首先要核实数据的准确性，然后根据长期趋势看这一变动是否合理，再细分不同维度进行分析等。继续发送如下内容给 ChatGPT。

现在已知男性 GMV 从 800 降至 600，女性 GMV 从 1200 升至 1300，请计算男女 GMV 变动对整体 GMV 变动的贡献度。

ChatGPT 收到上述内容后，返回如下结果。

首先，我们需要计算整体 GMV 的变动。原始 GMV 为男性 GMV（800）加女性 GMV（1200），即 2000。新的 GMV 为男性 GMV（600）加女性 GMV（1300），即 1900。因此，整体 GMV 的变动为 1900 – 2000 = – 100。

接下来，我们分别计算男女 GMV 的变动。

1. 男性 GMV 变动：600 – 800 = – 200
2. 女性 GMV 变动：1300 – 1200 = 100

最后，计算男女 GMV 变动对整体 GMV 变动的贡献度。

1. 男性 GMV 变动贡献度：(– 200) / (– 100) = 2，表示男性 GMV 变动对整体 GMV 下降的贡献度为 200%。
2. 女性 GMV 变动贡献度：100 / (–100) = – 1，表示女性 GMV 变动对整体 GMV 下降的贡献度为 –100%。

这意味着男性 GMV 的下降对整体 GMV 的下降贡献了 200%，而女性 GMV 的上升抵消了 100% 的整体 GMV 下降。实际上，女性 GMV 的增长对整体 GMV 有积极影响。

绝对值变动的贡献度计算比较简单，ChatGPT 给出了正确结果。我们也可以问 ChatGPT 如何计算率指标变动的贡献度。发送如下内容给 ChatGPT。

率指标变动的贡献度应该如何计算？请给出样例。

ChatGPT 收到上述内容后，返回如下结果。

在计算率指标的变动贡献度时，我们需要分析不同分组对总体率指标变动的贡献。这需要考虑分组的权重和分组内部的率指标变动。以下是计算方法。

1. 计算各分组的权重。权重等于分组内的样本量或业务量除以总样本量或总业务量。
2. 计算各分组内的率指标变动。可以通过新旧指标值的差值或比值来衡量。
3. 计算各分组对总体率指标变动的贡献度。将各分组内的率指标变动乘以其权重，然后将结果相加。

这样，我们可以得到各分组对总体率指标变动的贡献度。需要注意的是，贡献度可能为正或负，表示分组内的变动对总体指标有正向或负向影响。此外，所有分组的贡献度之和等于总体率指标的变动。

假设有一个电商平台，我们关注两个类别的商品：类别 A 和类别 B。我们想要分析客单价（每个订单的平均交易金额）的变动贡献度。现有如下数据。

上周——类别 A：订单数 1000，总金额 200 000。类别 B：订单数 2000，总金额 300 000。总订单数：3000。总金额：500 000。客单价：500 000/3000 ≈ 166.67 元。

本周——类别 A：订单数 1100，总金额 220 000。类别 B：订单数 1900，总金额 285 000。总订单数：3000。总金额：505 000。客单价：505 000/3000 ≈ 168.33 元。

计算过程

1. 计算权重。类别 A 的权重 = 1100/3000 ≈ 0.3667，类别 B 的权重 = 1900/3000 ≈ 0.6333。
2. 计算各类别客单价变动。类别 A：新客单价 = 220 000/1100 = 200 元，旧客单价 = 200 000/1000 = 200 元，变动 = 200 − 200 = 0。类别 B：新客单价 = 285 000/1900 = 150 元，旧客单价 = 300 000/2000 = 150 元，变动 = 150 − 150 = 0。
3. 计算贡献度。类别 A：贡献度 = 0 × 0.3667 = 0。类别 B：贡献度 = 0 × 0.6333 = 0。

在这个例子中，尽管总体客单价有所上升，但类别 A 和类别 B 的客单价并未发生变动。客单价的变动是由订单数量的变化所导致的，因此各类别对总体客单价变动的贡献度均为 0。

上述贡献度计算结果明显有问题，各品类的客单价没有发生变化，但是总客单价发生了变化，说明各品类的订单数占比发生了变化，但是 ChatGPT 没有考虑到这一点。我们可以让其进行修正。发送如下内容给 ChatGPT。

是不是应该考虑各类别订单数占比的权重变化呢？

ChatGPT 收到上述内容后，返回如下结果。

抱歉，之前的回答存在疏漏。是的，我们需要考虑各类别订单数占比的权重变化。我们将重新计算贡献度。

上周——类别 A：订单数 1000，总金额 200 000。类别 B：订单数 2000，总金额 300 000。总订单数：3000。总金额：500 000。客单价：500 000/3000 ≈ 166.67 元。

本周——类别A：订单数1100，总金额220 000。类别B：订单数1900，总金额285 000。总订单数：3000。总金额：505 000。客单价：505 000/3000 ≈ 168.33元。

计算过程

1. 计算各类别客单价。类别A：本周客单价 = 220 000/1100 = 200元，上周客单价 = 200 000/1000 = 200元。类别B：本周客单价 = 285 000/1900 = 150元，上周客单价 = 300 000/2000 = 150元。
2. 计算各类别订单数占比的权重变化。类别A：上周权重 = 1000/3000 ≈ 0.3333，本周权重 = 1100/3000 ≈ 0.3667。类别B：上周权重 = 2000/3000 ≈ 0.6667，本周权重 = 1900/3000 ≈ 0.6333。
3. 计算各类别的客单价变动贡献度。类别A：贡献度 = (200 – 166.67) × (0.3667 – 0.3333) = 33.33 × 0.0334 ≈ 1.11。类别B：贡献度 = (150 – 166.67) × (0.6333 – 0.6667) = (– 16.67) × (– 0.0334) ≈ 0.56。

因此，类别A对总体客单价变动的贡献度为1.11元，类别B对总体客单价变动的贡献度为0.56元。总的客单价变动为1.11 + 0.56 = 1.67元。总体客单价从166.67元上升至168.33元，变动幅度为1.66元，贡献度计算是合理的。

修正后的结果就合理了。再次提醒，要对ChatGPT给出的结果进行审核，不能直接拿来就用。

10.4 用户流失专题分析

用户流失分析在数据分析中也比较常见。不同平台都会遇到用户流失的问题，只不过各自的用户和流失标准不一样。在开展用户流失专题分析时，我们可以让ChatGPT构建分析框架。发送如下内容给ChatGPT。

假如你是某电商平台的一名数据分析师，现在要开展用户流失专题分析，目的是找到影响用户流失的关键因素。请基于业务背景和目的，构建该专题分析框架。

ChatGPT 收到上述内容后，返回如下结果。

在开展用户流失专题分析时，我们可以按照以下框架来进行。

1. 确定用户流失定义：首先要明确什么样的用户行为属于流失，例如连续 N 天未登录、连续 N 天未购买等。明确用户流失定义后，可以对数据进行筛选，提取出流失用户进行分析。
2. 描述性分析：对流失用户的基本情况进行描述性分析，包括用户来源、性别、年龄、地域、设备等维度。了解流失用户的整体画像。
3. 行为分析：深入研究流失用户在平台上的行为特点，包括如下。

    - 浏览行为：页面访问次数、访问时长、访问频率等
    - 购买行为：购买频次、客单价、购买类目等
    - 互动行为：收藏、点赞、评论等
    - 优惠券使用情况：领券率、用券率、优惠券类型等
    - 客服互动：咨询次数、投诉次数、售后服务等

4. 流失原因分析：基于上述描述性分析和行为分析，找出可能导致用户流失的关键因素。可以使用相关性分析、回归分析等统计方法进行筛选。
5. 分群分析：根据用户的行为特点和流失原因，对用户进行细分，找到不同用户群体的流失特点，以便制定针对性的策略。
6. 制定挽回策略：根据流失原因和分群分析结果，为不同用户群体制定针对性的挽回策略，例如优化产品功能、调整推荐算法、制定个性化营销策略等。
7. 跟踪和优化：采取挽回策略后，对用户流失率进行跟踪，评估策略效果，并根据实际效果持续优化策略。

通过以上框架，我们可以全面了解用户流失的情况，找到关键因素，并制定有效的挽回策略。

上述框架比较完善，我们可以直接利用。如果对其中的某些点不是特别清楚，可以让 ChatGPT 举例说明。发送如下内容给 ChatGPT。

上述第 4 点流失原因分析中的相关性分析和回归分析应该如何开展？请举例说明。

ChatGPT 收到上述内容后，返回如下结果。

在流失原因分析中，相关性分析和回归分析是常用的统计方法，可以帮助我们发现影响用户流失的关键因素。以下是具体的例子。

1. 相关性分析

相关性分析主要是通过计算两个变量之间的相关系数，了解它们之间的关联程度。例如，我们可以计算用户购买频次与流失率之间的相关系数。

实现步骤

- 首先，将用户按照购买频次进行分组，如 1 次、2 次、3 次等。
- 然后，计算每个购买频次组别中的流失率。
- 最后，利用皮尔逊相关系数（Pearson correlation coefficient）或者斯皮尔曼相关系数（Spearman rank correlation coefficient）等方法计算购买频次与流失率之间的相关系数。如果相关系数为负值，说明购买频次与流失率呈负相关，即购买频次越多，流失率越低。

2. 回归分析

回归分析可以帮助我们找到影响用户流失的关键因素。例如，我们可以使用 logistic 回归（logistic regression）模型预测用户流失的概率。

实现步骤

- 首先，选取可能影响用户流失的自变量，如购买频次、访问时长、优惠券使用情况等。
- 然后，将用户流失情况作为因变量，编码为 1（流失）或 0（未流失）。
- 接下来，使用 logistic 回归模型进行拟合，得到每个自变量对应的系数。
- 最后，根据模型系数的大小和显著性水平，确定哪些因素对用户流失的影响较大。

通过相关性分析和回归分析，我们可以找到影响用户流失的关键因素，并为制定挽回策略提供依据。

根据 ChatGPT 提供的例子，我们就清楚了如何进行相关性分析和回归分析。如果还想知道某个方法具体如何实现，可以让 ChatGPT 给出相应的实现逻辑代码。比如发送如下内容给 ChatGPT。

上述第 4 点中的相关性分析和回归分析，如何用 Python 实现？请给出具体的实现逻辑代码。

ChatGPT 收到上述内容后，返回如下结果。

在 Python 中，我们可以使用 pandas、NumPy、matplotlib、seaborn 以及 scikit-learn 等库来实现相关性分析和回归分析。以下是一个具体的示例。

首先，我们假设有一个数据集，包含用户的年龄、购买频次、消费金额和是否流失等信息。

```
import pandas as pd
import numpy as np
import matplotlib.pyplot as plt
import seaborn as sns
from sklearn.model_selection import train_test_split
from sklearn.linear_model import LogisticRegression
from sklearn.metrics import classification_report, confusion_matrix

# 假设数据已经存储在一个名为 df 的 pandas DataFrame 中
# df = pd.read_csv('your_data.csv')

# 创建一个示例数据集
data = {'age': [25, 30, 35, 40, 45, 50, 55, 60, 65, 70],
        'purchase_frequency': [5, 7, 3, 6, 2, 8, 1, 4, 7, 5],
        'spending': [500, 700, 300, 600, 200, 800, 100, 400, 700, 500],
        'churn': [0, 0, 1, 0, 1, 0, 1, 1, 0, 1]}
df = pd.DataFrame(data)

# 相关性分析
correlation_matrix = df.corr()
print(" 相关性矩阵：")
print(correlation_matrix)
```

```
# 可视化相关性矩阵
sns.heatmap(correlation_matrix, annot=True, cmap='coolwarm')
plt.show()

# 回归分析
# 定义特征和目标变量
X = df[['age', 'purchase_frequency', 'spending']]
y = df['churn']

# 划分训练集和测试集
X_train, X_test, y_train, y_test = train_test_split(X, y, test_size=0.3,
                                                    random_state=42)

# 创建并拟合 logistic 回归模型
model = LogisticRegression(solver='liblinear')
model.fit(X_train, y_train)

# 预测测试集
y_pred = model.predict(X_test)

# 评估模型性能
print(" 分类报告: ")
print(classification_report(y_test, y_pred))

print(" 混淆矩阵: ")
print(confusion_matrix(y_test, y_pred))
```

在这个示例中，我们首先计算了数据集中各变量之间的相关性，并通过热力图进行了可视化。接下来，我们使用 logistic 回归模型对用户流失进行了预测，并评估了模型的性能。

请注意，这个示例仅供参考，你需要根据实际数据集进行调整。

如果对该框架中的其他方面不是很熟悉，可以继续追问。比如发送如下内容给 ChatGPT。

> 第 5 点的分群分析应该如何做？请举例说明。

ChatGPT 收到上述内容后，返回如下结果。

分群分析是一种将用户根据某些特征进行划分的方法，以便更好地理解不同群体之间的差异和行为模式。在用户流失专题分析中，我们可以根据用户的行为特征、消费特征等对用户进行分群，以找到具有相似流失特征的用户群体。以下是一个例子。

假设我们有以下几个用户特征：

- 购买频次（低、中、高）
- 平均消费金额（低、中、高）
- 最近一次购买距今天数（近、中、远）

我们可以通过以下步骤进行分群分析。

1. 数据预处理：对于每个用户特征，根据实际情况将其分为几个类别（如上面的低、中、高）。
2. 分群方法选择：选择合适的聚类算法，如 *k*-means 聚类、层次聚类、DBSCAN 等。
3. 确定聚类数量：对于需要指定聚类数量的算法（如 *k*-means），可以通过肘部法则（elbow method）或轮廓系数（silhouette coefficient）等方法确定合适的聚类数量。
4. 聚类分析：使用选择的聚类算法对用户进行分群，得到每个用户所属的群体。
5. 结果解读：分析每个群体的特征，如平均流失率、购买频次分布、消费金额分布等，以了解不同群体在流失行为上的差异。进一步，可以为每个群体制定专门的挽回策略。

通过分群分析，我们可以更深入地了解用户的行为特点和流失行为，从而为制定更精细化的用户挽回策略提供依据。

我们也可以让 ChatGPT 基于上述框架，生成一份完整的用户流失专题分析报告，这样我们对该框架的理解会更深刻。

基于上述框架，生成一份完整的用户流失专题分析报告。

ChatGPT 收到上述内容后，返回如下结果。

用户流失专题分析报告

1. 引言

本报告旨在分析电商平台用户流失的关键因素，为提高用户留存率和降低流失率提供数据支持。通过对用户属性、行为数据等进行深入挖掘，我们将找出影响用户流失的主要因素并给出相应的建议。

2. 数据准备与清洗

我们收集了一段时间内的用户数据，包括年龄、购买频次、消费金额、是否流失等信息。在数据清洗阶段，我们对缺失值、异常值和重复值进行了处理，以确保数据质量。

3. 描述性统计分析

通过对数据集进行描述性统计分析，我们得到以下结果。

- 用户年龄分布：年轻用户（18~35 岁）占比较高，中年用户（36~55 岁）占比较低，老年用户（56 岁以上）占比最低。
- 购买频次分布：大部分用户购买频次在 5 次以内，少数用户购买频次较高。
- 消费金额分布：大部分用户消费金额集中在较低区间，少数用户消费金额较高。

4. 流失原因分析

我们对用户属性（如年龄、性别等）和行为数据（如购买频次、消费金额等）进行了相关性分析和回归分析，得出以下结论。

- 年龄与流失呈负相关，年轻用户流失率较高。
- 购买频次与流失呈负相关，购买频次较低的用户更容易流失。
- 消费金额与流失呈负相关，消费金额较低的用户流失率较高。

5. 分群分析

我们对用户进行了聚类分析，将用户分为以下三类。

- 高价值用户：年龄较大，购买频次高，消费金额高，流失率低。

- 潜在价值用户：年龄适中，购买频次中等，消费金额中等，流失率适中。
- 低价值用户：年龄较小，购买频次低，消费金额低，流失率高。

6. 建议

根据以上分析，我们提出以下建议以期降低用户流失率。

- 针对年轻用户，推出更具吸引力的产品和活动，提高用户黏性。
- 对购买频次较低的用户，发送优惠券和促销信息，激励用户增加购买频次。
- 通过个性化推荐和精准营销，提高低价值用户的消费金额。
- 针对不同用户群体制定差异化的用户维护策略，提高用户满意度和留存率。

7. 总结

本报告通过对电商平台用户流失的专题分析，发现年龄、购买频次和消费金额等因素与用户流失呈负相关关系。基于对用户群体的分析，我们将用户划分为高价值用户、潜在价值用户和低价值用户三类。针对不同用户群体，我们提出了相应的营销策略和用户维护建议，以降低用户流失率，提高用户留存率。

为了进一步优化用户体验和提高留存率，建议平台持续关注用户行为数据变化，定期开展专题分析，及时发现并解决用户流失的问题。同时，可以尝试运用机器学习和人工智能技术，对用户行为进行更深入的挖掘和预测，为平台业务发展提供数据支持。

这份报告里的第 2、第 3 部分可以不呈现，用户流失专题分析报告的核心是流失原因分析以及相应的建议。最后的总结可以借鉴，不过，一般我们会把核心结论放在报告开头，以方便他人阅读。

10.5 用户行为路径专题分析

用户行为路径分析主要是研究用户在平台上的行为模式，以期发现用户的行为偏好等。在利用 ChatGPT 进行用户行为路径专题分析时，我们可以先让其构建分析框架。发送如下内容给 ChatGPT。

假如你是某电商平台的一名数据分析师，现在要开展用户行为路径专题分析，目的是找到用户行为路径的一些规律。请基于业务背景和目的，构建该专题分析框架。

ChatGPT 收到上述内容后，返回如下结果。

为了找到用户行为路径的规律，我们可以从以下几个方面展开专题分析。

1. 用户行为日志收集与整理：收集和整理用户在电商平台的各种行为数据，如浏览、搜索、点击、加入购物车、收藏、购买等。确保数据的完整性和准确性，为后续分析打下基础。
2. 用户行为类型定义：根据电商平台的业务特点，将用户行为划分为不同的类型，如浏览、搜索、比较、选择、支付等。这有助于更好地理解用户在购物过程中的关键行为节点。
3. 用户行为路径挖掘：通过分析用户行为日志，挖掘出用户在购物过程中的典型行为路径。这既可以是用户从进入平台到完成购买的整体路径，也可以是某个具体环节的行为路径，如搜索、浏览等。
4. 用户行为路径特征提取：对于不同类型的用户行为路径，提取其关键特征，如页面停留时间、路径长度、重复行为次数等。这些特征有助于了解用户在各个环节的兴趣和行为习惯。
5. 用户行为路径分析：分析用户行为路径的规律，找出常见的路径模式，识别用户的共性和个性需求。同时，探索不同类型用户在行为路径上的差异，为后续的用户细分和个性化推荐提供依据。
6. 用户细分与行为路径关联分析：结合用户的属性信息（如年龄、性别、地域等）和行为特征，对用户进行细分。分析不同用户群体在行为路径上的差异，找出各个群体的典型行为模式。
7. 优化建议与实施：基于用户行为路径分析的结果，为电商平台提供优化建议，如页面布局调整、个性化推荐策略、营销活动策划等。通过优化用户行为路径，提升用户体验和购买转化率。
8. 效果跟踪与评估：在实施优化建议后，持续跟踪用户行为数据，评估优化措施的效果。根据效果调整优化策略，进一步提升用户体验和购买转化率。

上述框架比较完善，但是第 3、第 4、第 5 部分有点重复，可以进行一定的合并，我们把这个建议发给 ChatGPT。

第 3、第 4、第 5 三个部分之间有什么区别？是不是可以进行合并？

ChatGPT 收到上述内容后，返回如下结果。

确实，第 3、第 4、第 5 三部分之间有一定的关联，可以进行合并。在实际的专题分析中，我们可以将这三部分整合为一个“用户行为路径分析与特征提取”环节。

用户行为路径分析与特征提取。

- 通过分析用户行为日志，挖掘出用户在购物过程中的典型行为路径。这既可以是用户从进入平台到完成购买的整体路径，也可以是某个具体环节的行为路径，如搜索、浏览等。
- 对于不同类型的用户行为路径，提取其关键特征，如页面停留时间、路径长度、重复行为次数等。这些特征有助于了解用户在各个环节的兴趣和行为习惯。
- 分析用户行为路径的规律，找出常见的路径模式，识别用户的共性和个性需求。同时，探索不同类型用户在行为路径上的差异，为后续的用户细分和个性化推荐提供依据。

将这三个环节合并后，专题分析框架可以简化为以下几个部分：

1. 用户行为日志收集与整理
2. 用户行为类型定义
3. 用户行为路径分析与特征提取
4. 用户细分与行为路径关联分析
5. 优化建议与实施
6. 效果跟踪与评估

这样的框架更简洁明了，有助于数据分析师更高效地进行用户行为路径专题分析。

用户行为路径分析的关键其实是合并后的第 3 部分（用户行为路径分析与特征提取），如果想了解这部分具体如何操作，可以求助 ChatGPT。发送如下内容给 ChatGPT。

> 合并后的“用户行为路径分析与特征提取”具体应该如何进行？请举例说明。

ChatGPT 收到上述内容后，返回如下结果。

对于合并后的“用户行为路径分析与特征提取”环节，我们可以通过以下步骤进行。

1. 数据预处理：首先需要对用户行为日志进行清洗和预处理，确保数据准确无误。例如，去除无效数据、处理缺失值、转换时间格式等。
2. 构建用户行为路径：根据用户行为类型定义，将用户的行为日志按照时间顺序进行排序，形成每个用户的行为路径。示例如下。

    - 用户 1：首页 → 搜索 → 商品详情页 → 加入购物车 → 结算 → 支付
    - 用户 2：首页 → 分类 → 商品详情页 → 加入购物车 → 结算 → 支付

3. 提取关键特征：针对每个用户的行为路径，提取关键特征。这些特征包括但不限于以下项。

    - 页面停留时间：用户在每个页面上的停留时间
    - 路径长度：从进入平台到完成购买所经历的页面数量
    - 重复行为次数：用户在某个环节重复出现的行为次数，例如多次搜索、多次查看商品详情等

4. 分析行为路径规律：通过对所有用户行为路径的整体分析，找出常见的路径模式和规律。例如：

    - 大部分用户从首页进入后，会先进行搜索，再查看商品详情页
    - 部分用户喜欢在商品详情页中反复查看不同商品，然后加入购物车

5. 提取不同类型用户的行为特征：进一步探索不同类型用户在行为路径上的差异，为后续的用户细分和个性化推荐提供依据。例如：

    - 新用户倾向于在首页浏览更多时间，而老用户更熟悉操作流程，直接进入搜索或分类

- 高价值用户在商品详情页的停留时间和查看次数可能相对较多，表现出更强烈的购买意愿

通过以上步骤，我们可以完成用户行为路径分析与特征提取，为后续的用户细分、优化建议和效果评估提供基础数据和分析结果。

通过上面这个案例，我们清楚了这类分析应该这么做以及最终需要产出什么内容。我们也可以让 ChatGPT 基于上述框架，生成一份完整的用户行为路径专题分析报告。

基于上述框架，生成一份完整的用户行为路径专题分析报告。

ChatGPT 收到上述内容后，返回如下结果。

用户行为路径专题分析报告

一、背景与目的

本次专题分析旨在探究电商平台用户的行为路径，以便发现用户行为的规律和特征。通过对用户行为路径的深入研究，我们期望能为平台的用户细分、个性化推荐，以及优化用户体验等方面提供有力支持。

二、数据来源与预处理

本次分析所用数据来源于平台的用户行为日志，经过数据清洗、去除无效数据、处理缺失值、转换时间格式等预处理步骤，确保数据的准确性和完整性。

三、用户行为路径分析与特征提取

1. 构建用户行为路径：根据用户行为日志，我们为每位用户构建了一条详细的行为路径，展示了用户从进入平台到完成购买的完整过程。
2. 提取关键特征：我们针对每个用户的行为路径，提取了关键特征，如页面停留时间、路径长度、重复行为次数等。
3. 分析行为路径规律：对所有用户行为路径进行整体分析，发现了以下规律。

   - 大部分用户从首页进入后，会先进行搜索，再查看商品详情页；

- 部分用户喜欢在商品详情页中反复查看不同商品，然后加入购物车。

4. 提取不同类型用户的行为特征：进一步分析发现，不同类型用户在行为路径上存在一定差异。

- 新用户倾向于在首页浏览更多时间，而老用户更熟悉操作流程，直接进入搜索或分类；
- 高价值用户在商品详情页的停留时间和查看次数可能相对较多，表现出更强烈的购买意愿。

四、优化建议

1. 优化首页布局：针对新用户在首页停留时间较长的现象，平台可以尝试优化首页布局，提供更多的商品推荐和促销信息，引导新用户更快地找到感兴趣的商品。
2. 个性化推荐：基于用户行为路径的特征分析，平台可以开发个性化推荐系统，为不同类型的用户推荐更符合他们需求和兴趣的商品。
3. 提升商品详情页体验：针对用户在商品详情页的行为特征，平台可以进一步优化商品详情页的布局和设计，提供更丰富的商品信息、更清晰的图片展示等，以提高用户的购买意愿。

五、总结

本次用户行为路径专题分析揭示了电商平台用户的行为路径规律及特征，为平台的用户细分、个性化推荐和优化用户体验提供了有力支持。通过深入分析用户行为路径，我们发现了不同类型用户的行为差异，以及用户在各个页面的行为特点。针对这些发现，我们提出了一些优化建议，包括优化首页布局、开发个性化推荐系统以及提升商品详情页体验。

在后续工作中，我们将继续关注用户行为路径的变化，并持续优化平台的用户体验。我们相信，通过对用户行为的深入研究，电商平台将能为用户提供更好的服务，从而实现业务的持续增长。

这份报告的整体结构没什么问题。在实际工作中，我们一般会生成路径转化图，它看起来更直观。

10.6 用户细分专题分析

用户细分是将用户群体按照相似特征划分为更小的子群体，以便更好地了解不同子群体用户的需求和行为模式，为他们提供更具针对性的产品和服务。在利用 ChatGPT 进行用户细分专题分析时，我们可以先让其构建分析框架。发送如下内容给 ChatGPT。

> 假如你是某电商平台的一名数据分析师，现在要开展用户细分专题分析，目的是根据一些特征将用户分成不同类别，然后针对不同的人群采取精细化运营策略。请基于业务背景和目的，构建该专题分析框架。

ChatGPT 收到上述内容后，返回如下结果。

作为电商平台的数据分析师，进行用户细分专题分析的框架可以包括以下几个部分。

1. 确定细分标准：选择用于划分用户群体的特征。可能的细分标准包括如下。
   - 用户属性：如年龄、性别、地域、收入、受教育程度等。
   - 用户行为：如浏览次数、购买频率、购物车行为、产品偏好等。
   - 用户价值：如用户生命周期价值（LTV）、消费金额、购买频率等。
   - 用户满意度：如评价数据、用户反馈等。
2. 数据收集和整理：整合各种来源的数据，包括用户属性、购买行为、交互行为等。对数据进行清洗、转换和处理，以确保后续分析的准确性。
3. 用户细分：根据所选的细分标准对用户进行分组。可以使用聚类分析、决策树或其他机器学习技术进行分组。
4. 分析各细分群体特征：针对每个用户群体进行深入分析，了解其特征、需求和行为模式，包括购买习惯、产品偏好、活跃时间等。
5. 制定精细化运营策略：根据各细分群体的特征，制定相应的运营策略。示例如下。
   - 个性化推荐：根据用户的购买历史和喜好推荐相关产品。
   - 营销活动：根据用户群体的特点策划针对性的促销活动，如面向特定年龄段或地域的折扣、优惠券等。

- 提高用户满意度：通过改进产品质量、优化物流速度、提升客服质量等方法提高用户满意度。
- 增强用户黏性：通过会员计划、积分系统、社区互动等手段，提高用户的忠诚度和复购率。

6. 跟踪和评估：采取精细化运营策略后，需要对其效果进行持续跟踪和评估。通过关键指标（如转化率、客单价、复购率等）来衡量策略的效果，进一步优化策略。

通过这个框架，可以为电商平台的不同用户群体制定更精细化的运营策略，从而提高用户满意度、增加用户黏性，最终提升整体业务绩效。

上述框架比较粗略，不能很好地指导接下来的行动。我们可以问得更具体一点，比如，怎么按照用户价值进行分组？发送如下内容给 ChatGPT。

如果想按照用户价值进行分组，具体应该怎么做？

ChatGPT 收到上述内容后，返回如下结果。

按照用户价值进行分组时，可以依据用户的消费金额、购买频率、购买时间等因素进行划分。一个常用的方法是使用 RFM（recency, frequency, monetary value）模型。RFM 模型将用户分为不同的价值层次，帮助企业针对不同价值的用户制定不同的营销策略。

具体操作如下。

1. 计算 RFM 指标
   - recency（R）：用户最近一次购买距今的天数。可以通过计算用户最近一次购买日期与当前日期的差值来得到。
   - frequency（F）：用户在一定时间内的购买频次。可以统计用户在过去一年（或其他时间段）内的购买频次。
   - monetary value（M）：用户在一定时间内的消费金额。可以计算用户在过去一年（或其他时间段）内的总消费金额。

2. 对 RFM 指标进行分组

- 将每个指标分为若干组（例如，根据四分位数将用户分为 4 组，即 1~4 分）。1 分表示该指标的最低水平，而 4 分表示最高水平。
- 对每个用户计算其 R、F、M 的得分。例如，一个用户的 R 得分为 3，F 得分为 2，M 得分为 4。

3. 根据 RFM 得分对用户进行细分

- 可以根据 RFM 得分将用户分为不同的价值层次。例如，将得分为 3~4 的用户视为高价值用户，得分为 1~2 的用户视为低价值用户。
- 还可以进一步细化用户群体，如高价值活跃用户（高 R、高 F、高 M 得分）、潜在高价值用户（低 R、高 F、高 M 得分）等。

4. 制定针对不同价值用户的运营策略

- 高价值活跃用户：提供优质服务，维护用户关系，增强用户黏性。
- 潜在高价值用户：激励用户提高购买频率，通过优惠券、促销活动等将他们转化为高价值活跃用户。
- 低价值用户：通过个性化推荐、增加购买动机等措施提高用户价值。

通过按照用户价值进行分组和针对不同价值用户制定运营策略，你可以更有效地利用有限的资源，提高整体业务绩效。

这次 ChatGPT 给出的内容就很具体了。我们可以直接将上述操作应用到实际业务中，也可以让 ChatGPT 基于上述框架，生成一份完整的用户细分专题分析报告，如下所示。

基于上述框架，生成一份完整的电商平台用户细分专题分析报告。

ChatGPT 收到上述内容后，返回如下结果。

电商平台用户细分专题分析报告

一、背景

随着电商平台竞争愈发激烈，精细化运营成为提高用户满意度、增强用户黏性、提高业务绩效的关键。为了实现这一目标，本报告采用 RFM（recency, frequency, monetary value）模型对平台用户进行细分，并为不同价值用户群体制定相应的运营策略。

二、数据收集与整理

1. 收集用户交易数据，包括购买日期、购买频次、购买金额等信息。
2. 清洗数据，剔除异常值和不完整数据，确保数据准确性和一致性。

三、用户细分

1. 计算 RFM 指标。

   - recency（R）：用户最近一次购买距今的天数。
   - frequency（F）：用户在过去一年内的购买频次。
   - monetary value（M）：用户在过去一年内的总消费金额。

2. 对 RFM 指标进行分组，将每个指标分为 4 组（1~4 分）。
3. 根据 RFM 得分，将用户分为以下几类：

   - 高价值活跃用户（高 R、高 F、高 M 得分）
   - 潜在高价值用户（低 R、高 F、高 M 得分）
   - 一般价值用户（中等 R、F、M 得分）
   - 低价值用户（低 R、低 F、低 M 得分）

四、分析各细分群体特征

1. 高价值活跃用户：忠诚度高，购买频次高，消费金额高。对平台有较高的信任度和满意度。
2. 潜在高价值用户：消费能力强，但购买频次不太高。可能在其他平台有更多消费行为。
3. 一般价值用户：购买频次和消费金额适中，具有一定的消费潜力。
4. 低价值用户：购买频次和消费金额较低，可能对平台产品和服务不够感兴趣。

五、运营策略建议

1. 高价值活跃用户：

- 提供优质服务，确保物流速度、产品质量、售后服务等方面满足用户需求；
- 推出会员计划，提供积分兑换、专享优惠等福利，增强用户黏性。

2. 潜在高价值用户：

- 分析用户购买偏好，为用户推荐相关产品，提高购买频次；
- 通过优惠券、促销活动等激励措施，促使其转化为高价值活跃用户。

3. 一般价值用户：

- 通过个性化推荐、社区互动等手段，提高用户对平台的兴趣和参与度；
- 基于用户的购买记录和喜好，进行有针对性的营销活动，挖掘用户消费潜力。

4. 低价值用户：

- 分析用户在平台上的行为数据，了解其需求和兴趣点，提供更匹配的产品和服务；
- 通过引入新用户优惠、免费试用等策略，增加用户的购买动机。

六、效果跟踪与评估

1. 设定关键绩效指标（KPI），如转化率、客单价、复购率等，以衡量运营策略的效果。
2. 定期对用户细分群体进行重新评估，确保运营策略与用户需求保持一致。
3. 根据跟踪数据调整运营策略，优化用户细分和精细化运营。

通过以上用户细分专题分析报告，我们可以更好地了解电商平台用户的需求和行为模式，为不同价值用户群体制定精细化运营策略，提高用户满意度、增强用户黏性，最终实现业务增长。

这份报告的核心内容包含了用户细分标准、不同细分群体的特征、针对不同细分群体的运营策略建议。在实际的工作报告中，可以不展示详细的用户细分过程，只需给出细分依据和细分结果即可。

10.7 营销活动效果评估专题分析

大型营销活动效果评估专题分析也是数据分析师经常面对的一个专题。这种评估一般应该从哪些方面进行呢？我们可以让 ChatGPT 构建分析框架。发送如下内容给 ChatGPT。

> 假如你是某电商平台的一名数据分析师，现在要针对双 11 这样的大型营销活动做出全面的效果评估，请构建相应的分析框架。

ChatGPT 收到上述内容后，返回如下结果。

为双 11 这样的大型营销活动做出全面的效果评估，可以从以下几个方面构建分析框架。

1. 营销活动整体情况

   - 活动期间总销售额
   - 活动期间用户访问量
   - 活动期间订单量
   - 活动期间客单价
   - 活动期间新用户数
   - 活动期间用户复购率
   - 活动期间页面跳出率

2. 产品层面分析

   - 各品类销售额排名
   - 各品类销量排名
   - 促销活动对各品类销售额的贡献度
   - 各品类销售额环比、同比变化

3. 渠道和营销活动效果分析

   - 各渠道流量和销售额贡献
   - 各渠道转化率

- 营销活动预算和实际投入
- 不同营销活动的 ROI（投资回报率）

4. 用户行为分析

- 活动期间用户访问时长
- 活动期间用户访问深度
- 活动期间用户最常访问的页面
- 活动期间用户搜索关键词

5. 用户细分和用户画像

- 根据用户消费能力、兴趣偏好等对用户进行分群
- 分析不同用户群体在活动期间的购买行为和偏好
- 分析各用户群体对不同营销活动的响应情况
- 为未来的营销活动提供有针对性的优化建议

6. 活动期间库存和物流情况

- 活动期间各品类库存变化
- 活动期间商品缺货情况
- 活动期间物流时效
- 用户对物流服务的评价

通过以上六个方面的分析，可以全面评估双 11 这样的大型营销活动的效果。在评估完成后，可以总结优点和不足，为未来的营销活动提供改进建议。

上述分析框架更多是围绕活动期间活动本身的转化效果构建的，比如整体销售情况、产品排名情况、各渠道转化情况、用户行为表现。对于这种大型营销活动，我们一般还会关注它对大盘整体的贡献，可以让 ChatGPT 增加这部分内容。发送如下内容给 ChatGPT。

这个框架中缺少该营销活动对于大盘整体的影响分析，请补充，仅返回补充的部分。

ChatGPT 收到上述内容后，返回如下结果。

大盘整体影响分析：

- 活动期间行业整体销售额变化
- 活动期间市场份额变化（平台市场份额占比）
- 活动期间竞争对手的销售表现对比
- 活动期间品牌知名度和口碑变化
- 活动期间对其他营销活动和常规销售的影响（如提前消费、订单量波动等）
- 活动对平台用户黏性和忠诚度的影响

通过补充营销活动对大盘整体的影响分析，可以更全面地评估双 11 这样的大型营销活动对市场、竞争对手和整个行业的影响，从而为未来的营销活动策划提供更全面的参考依据。

ChatGPT 提到关注各方面指标的变化情况，但是没有明确说明如何操作。我们可以继续追问。

这些变化是相比什么的变化？如何计算？

ChatGPT 收到上述内容后，返回如下结果。

在这个大盘整体影响分析中，我们需要关注活动期间（例如双 11）与活动前的某个时期（如双 11 前一个月或去年同期）之间的变化。通过对比这两个时期的数据，我们可以评估双 11 活动的效果。

可采用以下方法进行计算。

1. 行业整体销售额变化：（活动期间行业销售额 – 对比时期行业销售额）/ 对比时期行业销售额
2. 市场份额变化：（活动期间平台销售额 / 活动期间行业销售额）–（对比时期平台销售额 / 对比时期行业销售额）
3. 竞争对手销售表现对比：对比活动期间各竞争对手的销售额、销售增长率等指标，以评估平台在市场中的表现

4. 品牌知名度和口碑变化：可以通过社交媒体、新闻报道等途径收集活动期间与对比时期的品牌提及量、用户评价等数据，以评估活动对品牌形象的影响
5. 对其他营销活动和常规销售的影响：分析活动期间与对比时期的订单量波动、其他营销活动的参与情况等，以评估活动对整体销售的影响
6. 对平台用户黏性和忠诚度的影响：分析活动期间与对比时期的用户复购率、活跃用户数、用户平均停留时长等指标，以评估活动对用户行为的影响

通过以上计算方法，我们可以对双 11 等大型营销活动的效果进行全面评估，为未来营销活动策划提供参考。

在追问之下，ChatGPT 给出了关于变化的定义——活动期间相比之前某个时期的变化。但是这种前后对比的方式很容易受自然趋势的影响，如何避免这种影响呢？发送如下内容给 ChatGPT。

活动期间和活动前的对比，如何排除其他因素的影响？

ChatGPT 收到上述内容后，返回如下结果。

在评估大型营销活动的效果时，确实需要排除其他因素的影响。以下是一些建议，可以帮助你在分析时尽量减少其他因素的干扰。

1. 选择合适的对比时期：确保对比时期没有其他重大营销活动或行业波动。例如，可以选择去年同期数据作为对比，因为这样可以消除季节性因素的影响。
2. 对照组设计：在活动前后，选择一部分用户作为对照组，这部分用户不参与活动。通过对比实验组（参与活动的用户）和对照组的数据，可以减少其他因素的影响。
3. 分析同类竞争对手的表现：比较活动期间和对比时期内竞争对手的销售表现。如果竞争对手在相同时期也有类似的变化，那么这可能是由于行业整体趋势或其他共同因素引起的。
4. 考虑时间序列分析：通过时间序列分析，可以对不同时间段的数据进行趋势分析，以识别可能对活动效果产生影响的其他因素。
5. 使用多元回归分析：通过多元回归分析，可以考虑多个变量对销售额或其他指标的影响。这有助于在评估活动效果时排除其他变量的影响。

6. 专家访谈和定性分析：收集行业专家、平台运营人员、用户等的意见，以了解活动期间可能存在的其他影响因素，如政策调整、竞争对手行动、技术故障等。

综合运用上述方法，可以在一定程度上排除其他因素的影响，使活动效果评估更加准确。然而，要完全排除所有外部因素的影响非常困难。因此，在分析时应充分了解业务背景，根据实际情况灵活运用多种方法。

ChatGPT 给出的结果中，第 1、第 4、第 5 点比较常用。因为大型营销活动一般无法做实验，所以对照组设计这种方法不可行。至于各种方法具体如何使用，我们可以继续追问 ChatGPT，让其给出详细示例，这里就不赘述了。

10.8 商品销售专题分析

商品销售专题分析主要是围绕商品销售情况展开的，但应该从哪些维度入手呢？我们可以问问 ChatGPT，让其构建分析框架。发送如下内容给 ChatGPT。

假如你是某电商平台的一名数据分析师，现在要针对平台的商品销售情况进行全面的专题分析，请构建相应的分析框架。

ChatGPT 收到上述内容后，返回如下结果。

在对电商平台商品销售情况进行全面的专题分析时，可以遵循以下框架。

1. 数据概览：

   - 总销售额、订单量、客单价
   - 销售额、订单量、客单价的时间趋势（按日 / 周 / 月）

2. 商品维度分析：

   - 各类目销售额、订单量占比及趋势
   - 各品牌销售额、订单量占比及趋势

- 热销商品 Top N（销售额、订单量）

3. 用户维度分析：
   - 新老用户销售额、订单量占比及趋势
   - 用户地域分布情况（省份、城市）
   - 用户年龄、性别分布情况
   - 用户购买频次分布
4. 价格策略分析：
   - 不同价格区间的销售额、订单量占比及趋势
   - 价格敏感度分析
5. 促销活动分析：
   - 促销活动对销售额、订单量的提升效果
   - 活动期间热销商品分析
6. 库存与供应链分析：
   - 商品库存周转率
   - 供应链稳定性评估
7. 用户行为分析：
   - 搜索关键词排行
   - 浏览、收藏、加购、购买转化漏斗分析
8. 竞争对手分析：
   - 市场份额比较
   - 同类竞品的价格、促销策略对比
9. 建议与改进措施：
   - 基于以上分析结果，给出针对性的优化建议

- 提出可能的改进措施和实施方案

通过这个框架，可以全面了解电商平台的商品销售情况，并为平台提供有针对性的优化建议。

ChatGPT 给出的分析维度比较全面，我们可以根据实际需要进行增删。有了框架以后，接下来要做的是针对其中的子维度进行深入分析。如果不清楚具体如何进行，可以继续追问 ChatGPT。发送如下内容给 ChatGPT。

商品销售专题分析框架中的第 4 部分价格策略分析中的价格敏感度分析是什么？应该如何进行？请给出具体案例。

ChatGPT 收到上述内容后，返回如下结果。

价格敏感度分析是指通过研究产品价格变动对销量的影响，以了解消费者对价格变动的敏感程度。这种分析可以帮助企业更好地制定价格策略，以提高销售额和利润。价格敏感度分析通常包括以下几个方面。

1. 价格弹性：度量价格变动对销量变动的影响。价格弹性系数是衡量价格敏感度的一个关键指标，它表示价格变动 1% 时，销量变动的百分比。价格弹性系数大于 1 时，表示消费者对价格较敏感；价格弹性系数小于 1 时，表示消费者对价格较不敏感。
2. 品类、品牌和产品层面的价格敏感度分析：分析不同品类、品牌和产品的价格敏感度，找出价格变动对销量影响较大的领域。这有助于企业在制定价格策略时，针对性地调整价格以实现最佳销售效果。

举例说明：

假设有一个在线服装商店，经过一段时间的数据收集，我们获得以下数据。

产品类别	价格变动（%）	销量变动（%）	价格弹性系数
T 恤	–10	+30	3.0
衬衫	–10	+15	1.5
外套	–10	+5	0.5

从这个表格中，我们可以看到：

1. 当 T 恤价格降低 10%，销量增加了 30%，价格弹性系数为 3.0，这意味着消费者对 T 恤的价格非常敏感，降价可以有效地提高销量；
2. 当衬衫价格降低 10%，销量增加了 15%，价格弹性系数为 1.5，这意味着消费者对衬衫价格较为敏感，降价可以提高销量，但效果不如 T 恤显著；
3. 当外套价格降低 10%，销量仅增加了 5%，价格弹性系数为 0.5，这意味着消费者对外套价格不太敏感，降价对销量的提升作用有限。

通过这样的价格敏感度分析，企业可以制定更加精准的价格策略，例如针对 T 恤和衬衫进行更大幅度的降价促销，以提高销量和市场份额。同时，对于外套这种价格敏感度较低的产品，企业可以采取其他策略（如提高品质、增加产品特性等）来提高销售额和利润，而不是依赖降价策略。

总之，在商品销售专题分析中，价格敏感度分析可以帮助企业更好地了解消费者对不同产品的价格变动反应，从而制定更有针对性的价格策略。这对于企业在激烈的市场竞争中保持竞争力和提高盈利能力具有重要意义。

通过上面的案例，我们清楚了价格敏感度分析是什么，以及如何着手去做。接下来，我们让 ChatGPT 基于上述框架，生成一份完整的商品销售专题分析报告。

基于上述框架，生成一份完整的商品销售专题分析报告。

ChatGPT 收到上述内容后，返回如下结果。

商品销售专题分析报告

一、概述

本报告旨在对电商平台商品销售情况进行全面分析，包括销售额、销量、商品类别、价格策略等方面，以期为企业提供有针对性的建议，优化销售策略。

二、总体销售情况

1. 销售额与销量

- 在过去的一个季度中，平台总销售额达到 1000 万元，同比增长 10%，总销量为 100 000 件，同比增长 8%。
- 平均客单价为 1000 元，较上一季度增长 2%。

2. 商品类别分布

- 本季度热销类别为家电、服装、数码产品，分别占销售额的 30%、25% 和 20%。
- 家电和服装类别销售额增长较快，分别为 15% 和 12%；数码产品销售额增长相对较慢，仅为 5%。

三、商品类别分析

1. 家电类别

- 销售额占比最高的子类别为空调、洗衣机和冰箱，分别占家电销售额的 40%、30% 和 20%。
- 空调销售额增长最快，达到 20%，洗衣机和冰箱销售额分别增长 10% 和 8%。

2. 服装类别

- 服装类别中，女装、男装和童装分别占销售额的 50%、30% 和 20%。
- 女装销售额增长最快，达到 15%，男装和童装销售额分别增长 8% 和 5%。

3. 数码产品类别

- 数码产品中，手机、笔记本电脑和平板电脑分别占销售额的 60%、20% 和 10%。
- 手机销售额增长最快，达到 10%，笔记本电脑和平板电脑销售额分别增长 3% 和 2%。

四、价格策略分析

1. 价格区间分析

- 低价区间（1~500 元）：销量占比 35%，销售额占比 25%
- 中价区间（501~1000 元）：销量占比 40%，销售额占比 45%

- 高价区间（1001~2000 元）：销量占比 20%，销售额占比 25%
- 超高价区间（2001 元及以上）：销量占比 5%，销售额占比 5%

2. 价格敏感度分析

- 对于家电类别，价格敏感度较低，消费者更注重品质和性能，因此提高家电类别的产品品质和性能可以提高销售额。
- 对于服装类别，价格敏感度较高，消费者更注重价格和性价比。因此，对于服装类别，可以尝试采用更具竞争力的价格策略，以提高销售额。
- 对于数码产品类别，价格敏感度介于家电和服装之间，消费者在关注价格的同时，也注重产品性能和品牌。因此，在保证产品性能和品牌口碑的基础上，适当调整价格策略，以吸引更多消费者。

五、结论与建议

1. 家电、服装和数码产品类别是当前平台的主要销售品类，建议重点关注这三个类别的市场动态，优化商品结构，提高销售额。
2. 在价格策略方面，针对不同类别的商品，采用不同的价格策略。例如，对于家电类别，提高产品品质和性能；对于服装类别，采用更具竞争力的价格策略，以提高销售额。
3. 对于价格敏感度较高的商品类别，可以考虑通过促销活动、优惠券等手段，吸引更多消费者。
4. 通过不断地进行数据分析和市场调研，持续优化商品销售策略，以期提高平台整体的销售业绩。

这份报告的数据很丰富，但是文字太多，且缺乏结构性。在实际工作中，我们往往会选择用一些图表来进行展示，也会调整内容使整体结构更清晰。

10.9 用户生命周期专题分析

用户生命周期是指用户从平台潜在用户变成真正用户，再到活跃、沉默，最终流失的整个过程。用户生命周期专题分析就是围绕这一过程展开的。我们可以让 ChatGPT 构建该分析框架。发送如下内容给 ChatGPT。

假如你是某电商平台的一名数据分析师，现在要开展用户生命周期专题分析，请构建相应的分析框架。

ChatGPT 收到上述内容后，返回如下结果。

为了开展电商平台的用户生命周期专题分析，可以从以下几个方面来构建分析框架。

一、用户生命周期定义

1. 确定用户生命周期的关键阶段：分为潜在用户、新用户、活跃用户、沉默用户和流失用户等阶段。
2. 为每个阶段设定具体的定义和标准，例如注册时间、最近一次购买时间、购买频率等。

二、用户生命周期数据整合与清洗

1. 收集与用户生命周期相关的数据，如用户注册、登录、浏览、购买等行为数据。
2. 清洗数据，消除数据中的重复值、缺失值和异常值。
3. 整合数据，将用户划分到相应的生命周期阶段。

三、各阶段用户特征分析

1. 分析各个生命周期阶段的用户数量、占比和趋势。
2. 对每个阶段的用户进行特征分析，包括性别、年龄、地域、购买力等。
3. 比较不同阶段用户之间的特征差异，找出各个阶段的关键特征。

四、用户转化率分析

1. 分析用户从一个生命周期阶段到另一个阶段的转化率，如潜在用户到新用户、新用户到活跃用户等。
2. 探索影响用户转化的关键因素，例如促销活动、产品类别、价格策略等。
3. 提出提高用户转化率的策略建议。

五、用户价值分析

1. 分析各个生命周期阶段用户的消费行为数据，如购买频率、客单价、购买品类等。

2. 计算各个阶段用户的生命周期价值（LTV）。
3. 分析提高用户价值的策略和方法，例如优化产品推荐、个性化营销等。

六、用户生命周期管理策略

1. 根据用户生命周期特征和价值分析，制定相应的运营和营销策略。
2. 针对不同生命周期阶段的用户，提供个性化的产品和服务。
3. 设计针对特定阶段用户的营销活动，以提高用户的转化率和价值。

通过以上六个部分，可以构建一个完整的用户生命周期专题分析框架，以便更好地了解和管理电商平台的用户。

ChatGPT 构建的框架中，第一部分即用户生命周期定义比较重要。我们可以继续追问 ChatGPT，生命周期各阶段应该如何定义？发送如下内容给 ChatGPT。

关于第一部分用户生命周期的定义，请给出详细的定义方法和案例说明。

ChatGPT 收到上述内容后，返回如下结果。

用户生命周期是指用户在一个平台或服务中从最初接触到最终流失的完整过程。在电商平台中，用户生命周期可以分为以下几个关键阶段。

1. 潜在用户：这些用户还未在平台注册，但可能已经接触到平台的广告、推荐或口碑，具有一定的潜在需求。例如，通过搜索引擎、社交媒体推广等途径吸引潜在用户。
2. 新用户：在平台注册并成功激活的用户。激活可以定义为完成注册后的一段时间内（如 30 天）进行了至少一次购买或具有明确购买意向的行为（如添加购物车、收藏商品等）。

   案例：某用户通过朋友推荐了解到平台，注册并在一周内完成了第一笔购买。
3. 活跃用户：这些用户在一段时间内（如近 30 天）有持续的购买或互动行为，表现出对平台的忠诚度。活跃用户可以通过购买频率、访问次数等指标来界定。

   案例：某用户每月都会在平台购买生活用品和零食，表现出较高的活跃度。

4. 沉默用户：这些用户在一段时间内（如近 60 天）没有购买行为，但仍然保有账号。这可能是由于沉默用户对平台不满意、找到了其他替代品或暂时没有需求等。

   案例：某用户在平台购买过几次商品，但最近两个月没有再次购买，可能需要关注该用户的需求变化。

5. 流失用户：这些用户在较长时间内（如近 90 天）没有购买和互动行为，且可能已经删除账号或者彻底放弃使用平台。流失用户的界定需要结合具体业务场景和平台的用户行为特征。

   案例：某用户在平台购买过一次商品，但之后一年都没有再次购买或互动，可以视作流失用户。

通过以上定义，可以将电商平台的用户划分到不同的生命周期阶段，以便更好地了解和管理用户。

了解了各阶段如何定义，接下来就可以分析各阶段的用户行为以及各阶段之间的转化情况了。我们让 ChatGPT 基于上述框架，生成一份完整的用户生命周期专题分析报告。

基于上述框架，生成一份完整的用户生命周期专题分析报告。

ChatGPT 收到上述内容后，返回如下结果。

电商平台用户生命周期专题分析报告

一、引言

本报告旨在分析电商平台的用户生命周期，了解用户在不同阶段的行为特征，以便为平台制定有效的用户运营策略提供依据。

二、用户生命周期的定义

用户生命周期是指用户在一个平台或服务中从最初接触到最终流失的完整过程。在电商平台中，用户生命周期可以分为以下几个关键阶段：潜在用户、新用户、活跃用户、沉默用户和流失用户。

三、数据来源与处理

本报告所使用的数据来自平台的用户行为日志、订单记录等相关数据。数据处理包括数据清洗、特征提取和数据建模等过程。

四、用户生命周期分析

1. 潜在用户分析

- 潜在用户获取渠道分析：通过分析不同广告渠道、搜索引擎关键词等，了解潜在用户的来源，优化推广策略。
- 潜在用户画像分析：分析潜在用户的年龄、性别、地域分布等特征，为后续营销活动提供依据。

2. 新用户分析

- 新用户增长趋势：分析平台新用户的注册数量、激活率等指标，了解新用户的增长态势。
- 新用户首购行为分析：深入了解新用户首次购买的商品类别、价格区间、购买时间等特点。

3. 活跃用户分析

- 活跃用户规模及趋势：分析活跃用户的数量及活跃度变化，评估平台的用户活跃度表现。
- 活跃用户行为特征：研究活跃用户的购买频率、访问次数、商品偏好等行为特征，为提高用户黏性提供依据。

4. 沉默用户分析

- 沉默用户规模及趋势：分析沉默用户的数量及沉默周期，评估用户流失风险。
- 用户沉默原因分析：深入挖掘用户沉默的潜在原因，包括价格、产品质量、物流等因素，为挽回沉默用户提供策略支持。

5. 流失用户分析

- 流失用户规模及趋势：分析流失用户的数量及流失周期，评估平台的用户保持能力。
- 用户流失原因分析：通过用户调查、用户行为数据分析等途径，深入了解用户流失的主要原因，为降低流失率提供策略支持。

五、用户生命周期价值分析

1. 用户价值评估：通过计算用户在平台上的平均购买频率、客单价、购买周期等指标，为用户价值评估提供依据。
2. 用户细分及价值挖掘：根据用户的消费行为、活跃度等特征，将用户分为不同价值群体，进而制定个性化的营销策略。
3. 用户生命周期价值提升：提出能够提高用户生命周期价值的策略，如优化购物体验、提供个性化推荐、开展精细化运营等。

六、结论与建议

结论：本报告对电商平台用户生命周期进行了全面分析，发现了用户在各个阶段的行为特征，并提出了相应的运营策略。

建议：

- 优化潜在用户获取策略，提高平台曝光度和吸引力；
- 加强新用户引导和培养，提高新用户的转化率和留存率；
- 深度挖掘活跃用户需求，提高用户黏性和活跃度；
- 针对沉默用户制订挽回计划，降低用户流失风险；
- 分析用户流失原因，改善购物环境，提高用户满意度；
- 提高用户生命周期价值，实现用户细分运营和个性化推荐。

本报告对电商平台做了有针对性的用户生命周期分析，可以帮助平台更好地了解用户需求，优化运营策略，实现业务持续增长。

这份报告的整体框架和内容还可以，但缺少用户生命周期各阶段的具体定义标准，这在实际工作中需要给出；第四部分对各个阶段的分析是并列的，在实际工作中，既要单独研究各阶段，也要横向对比分析。

10.10 内容消费专题分析

我们在网络上浏览图文、视频，都是在进行内容消费。内容平台方肯定希望了解用户在内容消费方面有什么规律，这就需要借助用户内容消费专题分析。我们可以让 ChatGPT 构建该专题分析框架。发送如下内容给 ChatGPT。

> 假如你是某短视频平台的一名数据分析师，现在要针对平台用户的内容消费情况开展专题分析，请构建相应的分析框架。

ChatGPT 收到上述内容后，返回如下结果。

> 在针对短视频平台用户的内容消费情况开展专题分析时，可以参考以下框架。
>
> 一、用户概况分析
>
> 1. 用户数量及增长趋势
> 2. 用户地域分布
> 3. 用户年龄与性别分布
> 4. 用户设备分布
>
> 二、用户消费行为分析
>
> 1. 用户观看时长分布
> 2. 用户观看视频类型分布
> 3. 用户喜欢、评论、分享等互动行为分析
> 4. 用户首次观看到关注的转化率分析
> 5. 用户跳出率分析

三、内容分析

1. 热门内容分析
2. 热门作者分析
3. 内容类型分析
4. 内容质量分析

四、个性化推荐效果分析

1. 用户满意度评估
2. 推荐算法命中率分析
3. 推荐内容多样性分析
4. 用户留存率与推荐效果关联分析

五、用户留存与流失分析

1. 用户留存率分析
2. 用户生命周期分析
3. 用户流失原因及预警机制
4. 回访与挽回策略

六、内容消费转化分析

1. 用户消费意愿分析
2. 付费内容类型分析
3. 付费用户画像
4. 付费转化率优化策略

七、竞品分析

1. 竞品平台用户消费行为对比
2. 竞品平台内容策略对比
3. 竞品平台运营与推广策略对比

通过以上框架，可以对短视频平台用户的内容消费情况进行全面而深入的分析。

ChatGPT 构建的框架比较完善，不仅涉及用户消费行为分析，还包含了平台内容相关分析以及推荐效果分析。关于这个分析框架，没有比较难理解的点，按照这个框架整理、分析相应的数据即可。我们可以让 ChatGPT 基于上述框架，生成一份完整的内容消费专题分析报告。

基于上述框架，生成一份完整的内容消费专题分析报告。

ChatGPT 收到上述内容后，返回如下结果。

短视频平台用户内容消费专题分析报告

一、引言

本报告旨在全面分析短视频平台用户的内容消费情况，为平台优化内容策略、提升用户体验及留存率提供数据支持。报告将围绕用户概况、用户消费行为、内容、个性化推荐效果、用户留存与流失、内容消费转化、竞品等方面展开分析。

二、用户概况分析

1. 用户数量及增长趋势：截至报告时，平台总注册用户数为 ××× 万，月活跃用户数为 ××× 万。近一年来，注册用户数和活跃用户数分别增长了 ××% 和 ××%。
2. 用户地域分布：用户主要分布在一线和二线城市，其中一线城市占比 ××%，二线城市占比 ××%。
3. 用户年龄与性别分布：平台用户中，男性占比 ××%，女性占比 ××%；18~24 岁年龄段用户占比最高，达到 ××%，其次为 25~34 岁年龄段，占比 ××%。
4. 用户设备分布：用户中，Android 设备占比 ××%，iOS 设备占比 ××%。

三、用户消费行为分析

1. 用户观看时长分布：平均每日观看时长为 ×× 分钟，其中 ××% 的用户观看时长在 ×× 分钟以内，××% 的用户观看时长在 ×× 分钟以上。
2. 用户观看视频类型分布：用户最喜欢观看的视频类型为搞笑、生活、美食和旅行，分别占比 ××%、××%、××% 和 ××%。

3. 用户互动行为分析：用户平均每天“喜欢”×× 次、评论 ×× 次、分享 ×× 次。“喜欢”次数占比最高，达到 ××%。
4. 用户首次观看到关注的转化率：首次观看到关注的转化率为 ××%，表明平台内容对用户具有一定的吸引力。
5. 用户跳出率分析：平台跳出率为 ××%，用户在观看后继续停留在平台的概率较高。

四、内容分析

1. 热门内容分析：近一年来，最受欢迎的短视频为“×××”，播放量达到 ××× 万次。
2. 热门作者分析：最受欢迎的作者为“×××”，其粉丝数达到 ××× 万。
3. 内容类型分析：平台上的内容类型丰富，包括搞笑、生活、美食、旅行等，其中搞笑类内容产量最高，占比达到 ××%。
4. 内容质量分析：根据用户评论、播放量和互动数据，高质量内容占比为 ××%，中等质量内容占比为 ××%，低质量内容占比为 ××%。其中，高质量内容的播放量和互动数据均显著高于其他类别。

五、个性化推荐效果分析

1. 推荐准确率：平台的推荐算法使得 ××% 的用户观看到了他们感兴趣的内容，表明推荐系统具有较高的准确率。
2. 用户满意度：根据用户反馈，对于推荐内容的满意度达到 ××%，其中非常满意的用户占比为 ××%，基本满意的用户占比为 ××%。
3. 推荐多样性：推荐系统为用户提供了丰富多样的内容，满足了不同用户群体的需求。在用户观看的视频类型分布中，平台提供的内容覆盖了多种类型，显示出良好的多样性。

六、用户留存与流失分析

1. 用户留存率：平台的 7 日留存率为 ××%，30 日留存率为 ××%。其中新用户的留存率相对较低，需持续优化新用户引导和体验。
2. 流失原因分析：通过用户反馈和数据分析，主要流失原因为内容质量不高、推荐系统不准确、界面体验不佳等。为降低流失率，平台需提升内容质量、优化推荐算法和改善用户体验。

七、内容消费转化分析

1. 内容付费转化：在平台上，付费内容的观看量占比为 ××%，其中 ××% 的用户在观看付费内容后进行了消费，表明平台付费内容具有一定的吸引力。
2. 广告收益分析：广告点击率为 ××%，广告转化率为 ××%，为平台带来了稳定的广告收益。

八、竞品分析

1. 市场份额：短视频行业内，本平台排名第 × 位，市场份额为 ××%。
2. 竞品优势与劣势分析：竞品 A 的内容质量高，用户黏性较强，但推荐算法较弱；竞品 B 的推荐算法优秀，但内容产量较低；竞品 C 的用户增长速度快，但用户留存率较低。本平台需结合竞品情况，提升自身优势。

九、总结与建议

通过对短视频平台用户内容消费情况的专题分析，可以给出以下建议。

1. 提升内容质量：平台需要加强对内容创作者的培育和支持，引导他们创作高质量、具有吸引力的内容，以满足用户的需求。
2. 优化推荐算法：持续优化个性化推荐系统，提高推荐准确率和用户满意度，增加用户观看时长和互动行为。
3. 改善用户体验：优化平台界面设计，简化操作流程，提高用户留存率。
4. 加强新用户引导：优化新用户引导流程，提高新用户的留存率。
5. 挖掘商业化价值：通过内容付费、广告投放等手段提高平台收益，实现平台与创作者的共赢。
6. 关注竞品动态：密切关注竞品动态，及时调整自身发展策略，提升市场份额。

通过实施上述建议，我们相信短视频平台将在内容消费方面取得更好的成绩，为用户提供更优质的内容和服务。

这份报告谈到了很多方面，但主要是一些描述性分析。在实际工作中，还需要对某些方面进行深挖，得出一些深层次的结论。

10.11 社交网络专题分析

社交网络是指平台用户与用户之间形成的社交关系网络。社交网络专题分析主要是为了分析社交关系网络的形成与维持情况。我们可以让 ChatGPT 构建该专题分析框架。发送如下内容给 ChatGPT。

假如你是某社交平台的一名数据分析师，现在要针对平台用户之间的社交网络开展专题分析，请构建相应的框架。

ChatGPT 收到上述内容后，返回如下结果。

针对社交平台用户之间的社交网络情况，我们可以从以下几个方面展开专题分析。

1. 用户基本属性分析：

   - 性别分布
   - 年龄分布
   - 地域分布
   - 注册时间分布
   - 兴趣爱好分布

2. 用户社交行为分析：

   - 发布动态的频率和时间分布
   - 互动行为（评论、点赞、转发）的频率和时间分布
   - 私信互动情况
   - 用户活跃度分析（活跃、沉默、休眠等）

3. 社交关系网络结构分析：

   - 社交网络图构建（节点表示用户，边表示用户之间的关系）
   - 网络密度分析
   - 社区结构分析

- 影响力分析（度中心性、接近中心性、介数中心性等）
- 关键节点（意见领袖、桥接者）分析

4. 用户分群与特征分析：

- 基于社交行为和社交关系的用户聚类分析
- 各群体的特征分析（活跃度、影响力、兴趣爱好等）

5. 社交网络传播分析：

- 信息扩散路径分析
- 传播速度和范围分析
- 传播效果评估

6. 用户增长和流失分析：

- 用户增长渠道和趋势分析
- 用户流失原因分析
- 用户留存率分析

通过以上框架，我们可以全面地了解社交平台用户之间的社交网络情况，为平台的运营和发展提供有力的数据支持。

上述框架中的第 1、第 2 点比较简单，就是一些基础分布统计，难点在于第 3、第 4、第 5 点。我们可以让 ChatGPT 就其中的某个点继续展开，比如如何构建社交网络图。

社交关系网络结构分析中的社交网络图如何构建？请举例说明。

ChatGPT 收到上述内容后，返回如下结果。

社交网络图是一种用于表示实体（如个人、组织等）之间关系的图形表示法。在构建社交网络图时，我们使用节点（node）表示用户，边（edge）表示用户之间的关系。具体构建过程如下。

1. 数据准备：首先需要收集包含用户之间社交关系的数据，例如用户互动行为数据（关注、点赞、评论、转发等）、用户个人信息（ID、昵称、性别、年龄等）。
2. 节点和边的确定：确定网络中的节点（用户）和边（用户之间的关系）。例如，可以将关注关系作为边，表示一个用户关注了另一个用户。此外，还可以将评论、点赞、转发等互动行为作为边的权重，表示用户之间关系的强弱。
3. 社交网络图构建：使用图分析工具（如 Gephi、NetworkX 等）或编程语言（如 Python、R 等）根据节点和边的关系构建社交网络图。将用户（节点）和用户之间的关系（边）输入图分析工具中，生成对应的社交网络图。

举例说明：

假设我们有以下社交关系数据。

用户 ID	与其他用户互动的 ID	互动行为
1	2	关注
1	3	关注
1	4	评论
2	3	点赞
3	1	转发
3	4	关注

构建社交网络图时，用户 ID 作为节点，互动行为作为边。根据以上数据，我们可以构建出如下的社交网络图：

```
1 -- 关注 --> 2
|
关注
|
v
3 -- 关注 --> 4
^
|
点赞
|
2
```

```
1 -- 评论 --> 4
|
转发
|
v
3
```

在这个社交网络图中，节点表示用户，边表示用户之间的互动行为。例如，用户 1 关注了用户 2，用户 2 点赞了用户 3 等。通过这种方式构建社交网络图，有助于我们分析和理解用户之间的社交关系及其结构。

通过上面的回答，我们对如何构建社交网络图就比较了解了。我们可以继续追问：要构建社交网络图，用 Python 如何实现？发送如下内容给 ChatGPT。

> 要构建上述社交网络图，用 Python 如何实现？请给出代码逻辑。

ChatGPT 收到上述内容后，返回如下结果。

使用 Python 构建社交网络图，我们可以借助 NetworkX 库。以下是一份使用 NetworkX 构建社交网络图的示例代码：

```
import networkx as nx
import matplotlib.pyplot as plt

# 社交关系数据
social_data = [
    (1, 2, '关注'),
    (1, 3, '关注'),
    (1, 4, '评论'),
    (2, 3, '点赞'),
    (3, 1, '转发'),
    (3, 4, '关注')
]

# 创建有向图
G = nx.DiGraph()
```

```
# 添加节点和边
for user_id, target_id, interaction in social_data:
    G.add_edge(user_id, target_id, interaction=interaction)

# 绘制网络图
pos = nx.spring_layout(G, seed=42)
nx.draw(
    G,
    pos,
    with_labels=True,
    node_size=2000,
    node_color='skyblue',
    font_size=12, font_weight='bold')
nx.draw_networkx_edge_labels(
    G,
    pos,
    edge_labels={(u, v): d['interaction'] for u, v, d in G.edges(data=True)},
    font_size=12)

# 显示图形
plt.axis('off')
plt.show()
```

在这个示例中，我们首先导入了 networkx 和 matplotlib.pyplot 库。然后，我们创建了一个有向图（DiGraph），并将社交关系数据中的边添加到图中。接下来，我们使用 spring_layout 布局算法计算节点的位置，然后绘制图形。最后，我们使用 draw_networkx_edge_labels 函数为边添加标签（即互动行为），并显示图形。

当然，我们可以针对框架中不太清楚的点继续追问，这里就不再赘述了。最后我们让 ChatGPT 基于上述框架，生成一份完整的社交网络专题分析报告。

基于上述框架，生成一份完整的社交网络专题分析报告。

ChatGPT 收到上述内容后，返回如下结果。

社交网络专题分析报告

1. 引言

本报告旨在分析某社交平台上用户之间的社交网络情况。我们将通过以下几个方面来深入了解该平台的社交动态：社交关系网络结构分析、核心用户分析、社区划分与聚类分析、用户互动行为分析以及社交影响力分析。

2. 社交关系网络结构分析

2.1. 社交网络图构建

通过对平台用户间的互动数据进行分析，我们构建了一张社交网络图，反映了用户之间的互动关系。在这张图中，节点代表用户，边代表不同类型的互动行为，如关注、点赞、评论和转发等。

2.2. 网络结构指标分析

- 平均度：该指标反映了平台上每个用户的平均关注数和被关注数。较高的平均度意味着用户之间的互动较为频繁。
- 聚集系数：该指标反映了用户的朋友（即互动对象）间存在连接的可能性。较大的聚集系数意味着平台上存在关系紧密的社交圈子。
- 网络密度：该指标衡量网络中的连接占所有可能连接的比例。较高的网络密度意味着平台上的社交关系较为紧密。

3. 核心用户分析

通过分析用户的度中心性、接近中心性和介数中心性等指标，我们识别出了一些核心用户。这些用户在社交网络中具有较大的影响力，是社交网络的“关键节点”。

4. 社区划分与聚类分析

通过社区发现算法，我们根据相似兴趣和互动行为将用户划分到不同的社区，每个社区代表了一个特定的兴趣或话题领域。此外，我们还通过聚类算法将具有相似特征的用户进行分组，以了解平台上各类用户的分布情况。

5. 用户互动行为分析

我们对用户的互动行为进行了详细分析。

- 互动行为类型分布：统计了平台上关注、点赞、评论和转发等不同类型互动行为的分布情况。
- 互动时段分析：分析了用户在一天中不同时间段的互动行为，以了解用户活跃度的分布特点。
- 互动内容分析：对用户互动的内容进行文本分析，提取关键词和话题，以了解平台上热门的讨论主题和用户兴趣。

6. 社交影响力分析

为了衡量用户在社交网络中的影响力，我们综合考虑了以下几个指标。

- 被关注数：一个用户拥有的关注者数量，反映了该用户在社交网络中的受欢迎程度。
- 互动频率：用户参与互动（如点赞、评论、转发等）的频率，反映了用户在社交网络中的活跃程度。
- 内容质量：通过文本分析和用户反馈（如点赞和评论数）评估用户发布内容的质量。
- 传播范围：用户发布的内容在社交网络中的传播范围，反映了用户的影响力。

7. 结论

通过对社交平台上的用户社交网络情况进行专题分析，我们了解了平台用户间的互动关系、核心用户、社区特点、用户行为以及社交影响力等方面的信息。这些分析结果对于平台运营者来说具有重要的指导意义，有助于优化平台的运营策略，提升用户体验和活跃度，以及挖掘具有潜在商业价值的用户和内容。

这份报告与上一份报告存在同样的问题：内容丰富但不够深入。这也是可以理解的，毕竟这只是一个框架，也没有太多数据输入。

10.12 学习专题分析方法

除了前面谈到的专题分析以外，我们也可以利用 ChatGPT 来学习专题分析里需要用到的一些方法。比如想利用 PSM 方法评估某场营销活动的效果，就可以问 ChatGPT 关于 PSM 的理论原理和实现方式。发送如下内容给 ChatGPT。

> 请给我讲讲数据科学中常用的 PSM 是什么，举例说明并给出 Python 实现代码。

ChatGPT 收到上述内容后，返回如下结果。

PSM（propensity score matching，倾向性评分匹配）是一种用于观测数据的因果推断方法。它通过匹配具有类似倾向性评分的处理组和对照组的观测单位，来消除处理效应和观测特征之间的混杂。倾向性评分是一个概率值，表示在给定观测特征的条件下，观测单位接受处理的概率。

举个例子，假设我们要评估一个培训项目对参与者收入的影响。有一组人参与了培训项目（处理组），另一组人没有参与（对照组）。我们的目标是估计参与培训项目对收入的因果影响。然而，参加培训项目的人可能与未参加培训项目的人在其他观测特征上存在差异，如受教育水平、工作经验等。这可能导致观测特征对处理效应的估计产生偏差。通过倾向性评分匹配，我们可以根据参与培训项目的概率（即倾向性评分）将处理组和对照组的个体进行匹配，从而减少观测特征对处理效应估计的影响。

以下是使用 Python 实现 PSM 的示例代码。

首先，确保安装了以下库：

```
!pip install pandas
!pip install numpy
!pip install sklearn
!pip install statsmodels
!pip install seaborn
```

然后，导入所需的库：

```
import pandas as pd
import numpy as np
```

```
from sklearn.linear_model import LogisticRegression
from sklearn.neighbors import NearestNeighbors
import statsmodels.api as sm
import seaborn as sns
```

假设我们有一个包含参与者 ID、年龄、受教育水平、工作经验、是否参加培训项目（1 表示参加，0 表示未参加）以及收入的数据集：

```
data = pd.DataFrame({"ID": range(1, 101),
                     "age": np.random.randint(20, 65, 100),
                     "education_level": np.random.randint(1, 6, 100),
                     "work_experience": np.random.randint(1, 40, 100),
                     "training_program": np.random.randint(0, 2, 100),
                     "income": np.random.randint(2000, 10000, 100)})

# 计算倾向性评分
features = ['age', 'education_level', 'work_experience']
X = data[features]
y = data['training_program']

# 使用 logistic 回归模型预测倾向性评分
logistic_model = LogisticRegression(solver='lbfgs')
logistic_model.fit(X, y)
data['propensity_score'] = logistic_model.predict_proba(X)[:, 1]

# 将数据分为处理组和对照组
treated = data[data['training_program'] == 1]
control = data[data['training_program'] == 0]

# 使用最近邻算法进行匹配
nn = NearestNeighbors(n_neighbors=1, algorithm='ball_tree')
nn.fit(control[['propensity_score']])

# 找到匹配的对照组
indices = nn.kneighbors(treated[['propensity_score']],
                        return_distance=False).flatten()
matched_control = control.iloc[indices]

# 对比处理组和匹配对照组的收入差异
income_treated = treated['income']
income_control = matched_control['income'].values
income_difference = income_treated - income_control
```

```
average_treatment_effect = np.mean(income_difference)

print("平均处理效应（参与培训项目对收入的影响）：", average_treatment_effect)

# 可视化处理组和对照组的倾向性评分分布
sns.kdeplot(treated['propensity_score'], label="Treated")
sns.kdeplot(control['propensity_score'], label="Control")
sns.kdeplot(matched_control['propensity_score'], label="Matched Control")
plt.legend()
plt.xlabel("Propensity Score")
plt.ylabel("Density")
plt.show()
```

上述代码首先计算了参加培训项目的倾向性评分，并将数据分为处理组和对照组。然后使用最近邻算法根据倾向性评分进行匹配，找到处理组和对照组之间的匹配对。最后，计算了处理组和匹配对照组之间的收入差异（即平均处理效应），并可视化了处理组和对照组的倾向性评分分布。

ChatGPT 按照要求完美给出了关于 PSM 方法的说明和 Python 实现代码。我们也可以问别的问题。比如发送如下内容给 ChatGPT。

请给我讲讲医学领域的生存分析，以及这个方法怎么应用于数据分析领域?

ChatGPT 收到上述内容后，返回如下结果。

生存分析，也称时间－事件分析，是一种统计方法，主要用于研究事件发生的时间。这种方法最初主要应用于医学领域，如研究病人在接受某种治疗后的生存时间。生存分析的核心问题是：在一段时间内，事件（如死亡、设备故障等）的发生概率有多大?

生存分析的主要特点如下。

1. 考虑了时间的影响，分析的结果与时间密切相关。
2. 能够处理截尾数据（也称“右尾数据”），即在研究结束时尚未发生事件的数据。这是因为在生存分析中，对于尚未发生事件的个体，我们可以利用其观测时间的信息。

生存分析在数据分析领域的应用非常广泛，除了医学领域外，还可以应用于以下场景。

1. 客户流失分析：预测客户在何时流失，以便企业采取措施降低流失率。
2. 设备故障分析：预测设备何时可能发生故障，从而提前进行维护和更换。
3. 雇员离职分析：分析员工离职的时间，找出可能的原因和预测未来的离职情况。
4. 金融风险分析：预测贷款违约、信用卡欺诈等风险事件的发生时间。

常用的生存分析方法有 Kaplan-Meier 法、Cox 比例风险模型等。在 Python 中，可以使用 `lifelines` 库进行生存分析，该库提供了丰富的生存分析模型和相关函数。

ChatGPT 不仅按照要求介绍了生存分析的概念及其在数据分析领域的应用，还推荐了可以进行生存分析的 Python 库。我们可以继续追问该库的使用方法，这里就不赘述了，大家根据实际需求提问即可。

至此，我们了解了 ChatGPT 在专题分析中的各种应用。虽然 ChatGPT 无法直接完成相应的分析，但是可以构建分析框架和讲解分析方法。ChatGPT 构建的框架一般不能直接使用，但是可以在我们毫无头绪的时候帮助我们打开思路。

第 11 章

ChatGPT 在 A/B 实验中的应用

随着公司运营策略的精细化，现在大部分策略迭代会采用 A/B 实验的方式，A/B 实验的设计和评估也就成了数据分析师的一项重要工作。ChatGPT 作为先进的人工智能产品，可以广泛应用于 A/B 实验设计、实施和分析的各个环节。以下是 ChatGPT 在 A/B 实验中的一些应用。

- 形成实验假设：ChatGPT 可以通过分析业务背景，帮助我们提出合理的实验假设。
- 明确实验目的：在做出实验假设的基础上，ChatGPT 可以帮助我们确定实验目的，确保实验设计符合业务需求。
- 确定实验对象和分组策略：ChatGPT 可以根据实验目的和业务背景，辅助确定实验对象和分组策略。
- 计算最小样本量及分组比例：为了保证实验结果的有效性和可靠性，ChatGPT 可以基于预期效果、统计显著性水平和实验功效等参数，计算最小样本量和合适的分组比例。
- 确定实验周期：ChatGPT 可以通过最小样本量确定合适的实验周期。这有助于确保实验在合理的时间范围内完成，避免因实验周期过长或过短导致结果出现偏差。
- 对实验对象进行随机分组：ChatGPT 可以利用高效的随机算法，在实验开始时将实验对象分配到不同的实验组中，保证实验的有效性和客观性。
- 搭建实验评估指标体系：ChatGPT 可以根据业务背景和具体的实验，搭建实验评估指标体系。
- 评估实验效果与统计显著性：实验结束后，ChatGPT 可以帮助我们对实验结果和统计显著性进行评估。通过对对照组和实验组的数据进行对比分析，ChatGPT 能够快速判断实验效果是否达到了预期目标，并评估其统计显著性。
- 撰写实验报告与总结：ChatGPT 还可以帮助我们撰写实验报告和总结，全面、客观地展示实验过程和结果。ChatGPT 可以整合实验背景、目的、过程、结果以及分析和建议等方面的信息，使报告具有较高的可读性和参考价值。

接下来，我们就来看看 ChatGPT 在 A/B 实验的各个方面如何发挥作用。

11.1 形成实验假设

ChatGPT 可以帮助我们形成实验假设，我们只需将业务场景和相关策略描述清楚即可。比如发送如下内容给 ChatGPT。

> 我们是一家电商公司，希望通过给低频用户发放优惠券的方式来提高其购买频次，现在要通过 A/B 实验的方式验证该活动的效果。请做出实验假设。

ChatGPT 收到上述内容后，返回如下结果。

> 在 A/B 实验中，我们通常会设定零假设（null hypothesis）和备择假设（alternative hypothesis）。零假设表示变量之间没有关系或者实验处理没有效果，而备择假设表示变量之间存在关系或实验处理具有显著效果。
>
> 在前面提到的电商公司实例中，我们可以重新定义零假设和备择假设如下。
>
> - 零假设（H0）：给低频用户发放优惠券与他们的购买频次无关，即优惠券对购买频次没有显著影响。
> - 备择假设（H1）：给低频用户发放优惠券会导致他们的购买频次提高，即发放优惠券对购买频次有显著影响。
>
> 在 A/B 实验中，我们通常会试图通过收集数据和统计检验来拒绝零假设。如果成功拒绝零假设，那么我们就有理由相信备择假设成立，即在本例中，发放优惠券对购买频次具有显著影响。

上述实验假设没有问题。在 A/B 实验中主要有两个假设：零假设和备择假设。

11.2 明确实验目的

我们也可以利用 ChatGPT 明确实验目的。因为 ChatGPT 可以理解上下文，所以我们直接发送如下内容给 ChatGPT。

> 请基于上述业务背景和实验假设，明确实验目的。

ChatGPT 收到上述内容后，返回如下结果。

> 基于上述业务背景和实验假设，实验目的如下。
>
> - 验证给低频用户发放优惠券是否能有效提高他们的购买频次。
> - 评估优惠券发放策略对整体销售额的影响，以确定是否推广该策略。
> - 了解不同面值的优惠券对用户购买行为的影响，以便调整优惠券发放策略，提高整体销售额和用户满意度。
> - 收集实验过程中的用户行为数据，以便分析并优化后续的营销策略。

在 ChatGPT 给出的结果中，第一条是常规的实验目的，第二条和第三条也应该作为实验目的，不过有的时候会忽略。

11.3 确定实验对象和分组策略

我们也可以利用 ChatGPT 确定实验对象和分组策略。发送如下内容给 ChatGPT。

> 再帮我确定该实验的实验对象和分组策略。

ChatGPT 收到上述内容后，返回如下结果。

> 实验对象和分组策略如下。
>
> 实验对象：
>
> 低频用户，即在过去一段时间内（如 3 个月）购买频次低于设定阈值的用户。可以根据历史购买数据确定这个阈值，例如 2。

分组策略：

- 对照组（control group）：不对这部分低频用户采取任何优惠券发放策略，保持现有的营销策略不变。
- 实验组 1（treatment group 1）：对低频用户发放一定面值的优惠券，例如满 100 减 10。
- 实验组 2（treatment group 2）：对低频用户发放另一种面值的优惠券，例如满 200 减 30。

对实验对象进行随机分配，确保每个用户只能被分配到一个实验组。在实验期间，对对照组和实验组的用户购买行为进行观察和分析，以评估不同优惠券发放策略对购买频次的影响。

因为我们的实验是针对低频用户的，所以实验对象就是低频用户，而分组策略就是设立几个实验组，对不同的组采取不同的策略。这里 ChatGPT 给出的结果是对的。

11.4 计算最小样本量及分组比例

我们也可以利用 ChatGPT 计算最小样本量及分组比例。发送如下内容给 ChatGPT。

计算实验所需要的最小样本量和分组比例。

ChatGPT 收到上述内容后，返回如下结果。

要计算实验的最小样本量，需要了解以下几个关键参数。

- 效应量（effect size）：预期实验组与对照组之间的差异程度。在这个例子中，效应量可以是购买频次提高的百分比。
- 显著性水平（significance level，通常表示为 α）：决定实验结果是否具有统计显著性的阈值。通常取值为 0.05，即 5% 的显著性水平。
- 统计功效（statistical power，通常表示为 $1-\beta$）：实验正确检测到效应量的概率。通常取值为 0.8，即 80% 的统计功效。

假设我们希望检测到的效应量为购买频次提高 5%，显著性水平 α 为 0.05，统计功效为 0.8。根据这些参数，我们可以使用在线样本量计算器或相关统计软件（如 R、Python 等）来计算最小样本量。例如，通过 G*Power 软件计算得到的最小样本量约为 1000 人 / 组。

在这个实验中，有一个对照组和两个实验组。为了平衡各组的样本量，可以将样本按照 1 ∶ 1 ∶ 1 的比例分配给对照组和两个实验组，即每组分配到的用户数量均为 1000 人，总样本量为 3000 人。

最后，需要根据实际业务情况和实验周期来调整样本量。例如，如果实验周期较短或可观察到的低频用户数量有限，可以适当减少样本量，并重新计算实验参数。

ChatGPT 虽然给出了计算最小样本量需要的几个关键参数，但犯了一个明显的错误——它没有意识到，本次实验的核心观测指标——人均购买频次——是均值类指标，计算这类指标的最小样本量时，需要考虑平均水平和标准差。我们可以指出这一错误。发送如下内容给 ChatGPT。

不对吧？人均购买频次属于均值类指标，计算这类指标的最小样本量需要考虑平均水平。

ChatGPT 收到上述内容后，返回如下结果。

对不起，我犯了个错误。计算均值类指标的最小样本量，确实需要考虑该指标的平均水平。以下是计算过程。

- 效应量（effect size）：预期实验组与对照组之间人均购买频次的差异程度。在这个例子中，效应量可以是人均购买频次提高的百分比，例如 5%。
- 显著性水平（significance level，通常表示为 α）：通常取值为 0.05，即 5% 的显著性水平。
- 统计功效（statistical power，通常表示为 $1-\beta$）：通常取值为 0.8，即 80% 的统计功效。
- 标准差（standard deviation）：人均购买频次的标准差。
- 人均购买频次：假设对照组的人均购买频次为 M。

首先需要计算实验组与对照组之间期望的平均差异（mean difference）。在这个例子中，假设对照组的人均购买频次为 M，实验组的人均购买频次预期会提高 5%，那么期望差异为 $0.05M$。

Cohen's d（标准化效应量）= mean difference / standard deviation

根据这些参数，我们可以使用在线样本量计算器或相关统计软件（如 R、Python 等）来计算最小样本量。

在计算最小样本量时，请确保提供人均购买频次和标准差的具体数值。计算出的最小样本量将适用于每个实验组。在确定实验组的数量后，将总样本量按照预定的流量比例分配给各组。

这次 ChatGPT 虽然承认了错误，关键参数中也增加了标准差和人均购买频次，但是没有给出详细的计算过程和结果。经过多次纠正（比如均值类指标和率指标混淆、方差计算错误等），即不断地指出问题，提出新的要求（这里就不赘述了），最后 ChatGPT 返回如下结果。

抱歉，我在之前的回答中给出的公式是不正确的。下面是正确的基于 Cohen's d 来计算最小样本量的公式：

$$n = (Z\alpha + Z\beta)^2 \times (\sigma_1^{\ 2} + \sigma_2^{\ 2}) / \delta^2$$

其中：

- n 是每组所需的最小样本量；
- $Z\alpha$ 是与统计显著性水平（α）相对应的标准正态分布的 Z 分数，例如，对于双侧检验的 α 为 0.05，$Z\alpha \approx 1.96$；
- $Z\beta$ 是与统计功效（$1-\beta$）相对应的标准正态分布的 Z 分数，例如，对于 $\beta = 0.2$（即统计功效为 0.8），$Z\beta \approx 0.84$；
- $\sigma_1^{\ 2}$ 和 $\sigma_2^{\ 2}$ 分别是实验组和对照组的方差；
- δ 是期望的平均差异，即实验组和对照组之间的期望差异。

使用第一个公式计算最小样本量：

已知低频用户的平均购买频次为 3.5，标准差为 2。我们需要确定 α、β 以及期望的平均差异（δ）。

假设 $\alpha = 0.05$（双侧检验），$Z\alpha \approx 1.96$；$\beta = 0.2$（即统计功效为 0.8），$Z\beta \approx 0.84$，我们希望检测的购买频次的最小有效差异（δ）为 0.5 次（这个值需要根据实际业务需求和预期效果来确定）。

我们可以将这些值代入公式：

$$n = (1.96 + 0.84)^2 \times (2^2 + 2^2) / 0.5^2 = 120.25$$

因此，每组所需的最小样本量约为 121（向上取整）。对于一个 A/B 实验，我们需要对照组和实验组各自有 121 个样本，总样本量为 242。

对于分组流量比例，因为实验中对照组和实验组的数量相等，所以分组流量比例为 1 ∶ 1。

上述回答虽然给出的公式正确，但是最后计算 $n = (1.96 + 0.84)^2 \times (2^2 + 2^2) / 0.5^2$ 时出错了，正确结果应该约等于 251。

目前来看，ChatGPT 计算最小样本量时的表现尚不令人满意，大家在实际使用的时候要多加注意。

11.5 确定实验周期

计算出每组需要的最小样本量之后，我们可以让 ChatGPT 确定实验周期，只需发送如下内容给 ChatGPT。

基于上述结果确定实验周期。需要给出具体的计算规则。

ChatGPT 收到上述内容后，返回如下结果。

实验周期的计算取决于实验组和对照组所需的样本量，以及实验参与者的到达速率。计算实验周期的一般公式是：

实验周期 = 所需总样本量 / 每天参与实验的用户数

在这个例子中，我们已经计算出所需的总样本量为 502。为了计算实验周期，我们需要知道每天参与实验的用户数。假设每天有 50 个低频用户参与实验，那么实验周期为：

实验周期 = 502 / 50 = 10.04

因此，实验周期约为 10 天。请注意，这个计算结果取决于每天参与实验的用户数，这个数字可能会根据实际情况有所不同。

确定实验周期比较简单，ChatGPT 给出的结果是正确的。

11.6 对实验对象进行随机分组

最小样本量和实验周期确定以后，就可以对实验对象进行随机分组了。在这个环节，既可以让 ChatGPT 直接帮我们分组，也可以让它告诉我们如何分组。

11.6.1 ChatGPT 帮我做

第一种实现方式，只需把要分组的数据传给 ChatGPT 即可。如下为传入的具体内容。

将下列数据随机分成 A 组和 B 组，并生成新的一列来标记分组结果，以表格形式返回分组后的结果。

用户 ID, 性别 , 活跃等级
1, 女 , 高活
2, 男 , 高活
3, 男 , 低活
4, 女 , 高活
5, 男 , 高活
6, 女 , 低活
7, 男 , 高活

8, 女 , 高活
9, 女 , 低活
10, 男 , 低活

ChatGPT 收到上述内容后，返回如表 11-1 所示的结果。

表 11-1 返回结果

用户 ID	性别	活跃等级	分组
1	女	高活	B
2	男	高活	A
3	男	低活	B
4	女	高活	B
5	男	高活	A
6	女	低活	A
7	男	高活	B
8	女	高活	A
9	女	低活	A
10	男	低活	A

11.6.2 ChatGPT 告诉我

来看第二种实现方式，问 ChatGPT 如何用 SQL 或 Python 实现随机分组。如下为传入 ChatGPT 的具体内容。

现有一份包含 uid 的数据，需要将这份数据随机分成 A 组和 B 组，并生成新的一列用来标记分组结果。请分别给出 SQL 和 Python 的实现代码。

ChatGPT 收到上述内容后，返回如下结果。

SQL 结果：

```
-- 假设 user_data 是一个包含用户信息的表
-- 以下查询将随机地将用户分配到实验组（A）和对照组（B）
```

```
WITH randomized_user_data AS (
  SELECT
    *,
    -- 生成一个 0 到 1 之间的随机数
    RAND() AS random_number
  FROM
    user_data
),
experiment_groups AS (
  SELECT
    *,
    -- 根据随机数将用户分配到实验组（A）或对照组（B）
    CASE
      WHEN random_number < 0.5 THEN 'A'
      ELSE 'B'
    END AS group_assignment
  FROM
    randomized_user_data
)

SELECT * FROM experiment_groups;
```

Python 结果：

```
import pandas as pd
import numpy as np

# 假设 user_data 是一个包含用户信息的 pandas DataFrame
# 以下代码将随机地将用户分配到实验组（A）和对照组（B）

# 首先打乱 user_data 的顺序
shuffled_data = user_data.sample(frac=1, random_state=42).reset_index(drop=True)

# 计算实验组和对照组的大小
group_size = int(len(shuffled_data) * 0.5)

# 将用户分配到实验组和对照组
group_A = shuffled_data.iloc[:group_size]
group_B = shuffled_data.iloc[group_size:]

# 输出实验组和对照组的信息
print("Group A:\n", group_A)
print("Group B:\n", group_B)
```

SQL 结果的核心逻辑是首先生成一个随机数，然后根据随机数的大小进行分组，这种实现逻辑没有问题。

Python 结果是将 A 组和 B 组分别放入两个文件中，没有合并在一起。要合并的话也简单，用 `concat` 函数即可完成。

11.7 搭建实验评估指标体系

对实验进行评估时，一般需要通过多个指标综合评判实验效果。这个环节也可以借助 ChatGPT 来完成，即利用 ChatGPT 搭建实验评估指标体系。发送如下内容给 ChatGPT。

> 为前面的实验构建评估指标体系。

ChatGPT 收到上述内容后，返回如下结果。

> 基于前面关于电商公司针对低频用户发放优惠券以提高其购买频次的 A/B 实验，我们可以设计如下实验评估指标体系。
>
> 1. 主要指标
>
>   - 人均购买频次：衡量实验组与对照组用户在实验期间的平均购买频次。这是实验的核心指标，用于判断发放优惠券是否对购买频次产生显著影响。
>
> 2. 次要指标
>
>   - 转化率：衡量实验组与对照组用户在实验期间的购买转化率。这可以帮助我们了解优惠券发放是否对用户的购买决策产生了积极影响。
>   - 客单价：衡量实验组与对照组用户在实验期间的平均购买金额。这可以帮助我们评估优惠券发放对用户购买金额的影响。
>   - 用户活跃度：衡量实验组与对照组用户在实验期间的活跃度，例如页面浏览次数、停留时长等。这可以帮助我们了解优惠券发放是否提高了用户的参与度和对平台的黏性。

3. 辅助指标

- 优惠券使用率：衡量实验组用户在实验期间对优惠券的使用情况。这可以帮助我们了解优惠券的吸引力以及用户对优惠券的接受程度。
- 用户满意度：通过调查问卷等方式收集实验组与对照组用户的满意度评分，以评估优惠券发放对用户满意度的影响。
- 用户留存率：衡量实验组与对照组用户在实验结束后一段时间内的留存情况。这可以帮助我们了解优惠券发放是否对用户的长期留存产生了积极影响。

通过这些指标，我们可以全面评估实验的效果，进一步了解优惠券发放策略对低频用户购买行为的影响。

ChatGPT 从主要指标、次要指标、辅助指标三个维度搭建评估指标体系。当然，我们既可以根据具体的业务需要进行修改，也可以对 ChatGPT 发出新的指示。比如发送如下内容给 ChatGPT。

再增加一些护栏指标。

ChatGPT 收到上述内容后，返回如下结果。

护栏指标（guardrail metrics）是在实验中用于监控和预防潜在问题的指标。这些指标可以帮助我们确保实验不会对关键绩效指标产生负面影响。在这个实验中，可以考虑以下护栏指标。

- 退货率：衡量实验组与对照组用户在实验期间的退货情况。这可以帮助我们了解优惠券发放是否导致了销售质量下降或用户滥用优惠券的情况。
- 用户投诉率：衡量实验组与对照组用户在实验期间的投诉情况。这可以帮助我们了解优惠券发放是否影响了用户对产品和服务的满意度，从而导致投诉增加。
- 促销成本：衡量实验期间优惠券发放所产生的成本。这可以帮助我们了解优惠券发放策略是否对公司的整体盈利产生了负面影响。
- 平台流量：衡量实验组与对照组用户在实验期间的访问量。这可以帮助我们了解优惠券发放是否导致用户访问平台的次数减少，从而影响其他业务指标。

- 新用户注册率：衡量实验组与对照组在实验期间的新用户注册情况。这可以帮助我们了解优惠券发放是否对吸引新用户产生了负面影响。

通过监控这些护栏指标，我们可以确保实验不会对关键绩效指标产生负面影响，从而更好地评估优惠券发放策略的效果。

11.8 评估实验效果与统计显著性

在对实验结果进行统计显著性评估时，也有两种实现方式，下面分别介绍。

11.8.1 ChatGPT 帮我做

要让 ChatGPT 对实验结果进行统计显著性评估，只需传入实验数据即可。如下为传入 ChatGPT 的具体内容。

请基于我提供的数据对 A 组和 B 组的购买频次进行 t 检验，需要给出具体的检验步骤和结果。

用户 ID, 性别 , 活跃等级 , 分组 , 购买频次
1, 女 , 高活 ,B,4
2, 男 , 高活 ,A,7
3, 男 , 低活 ,B,9
4, 女 , 高活 ,B,7
5, 男 , 高活 ,A,7
6, 女 , 低活 ,A,8
7, 男 , 高活 ,B,0
8, 女 , 高活 ,A,8
9, 女 , 低活 ,A,9
10, 男 , 低活 ,A,9

ChatGPT 收到上述内容后，返回如下结果。

为了进行独立双样本 t 检验，需要先计算两个组（A 组和 B 组）购买频次的均值、方差和样本大小。接下来计算 t 统计量和相应的 p 值。以下是详细的步骤。

1. 计算 A 组和 B 组的购买频次的均值、方差和样本大小。

   A 组数据：7, 7, 8, 8, 9, 9
   A 组购买频次均值：(7 + 7 + 8 + 8 + 9 + 9)/6 = 48/6 = 8
   A 组购买频次方差：((7 – 8)^2 + (7 – 8)^2 + (8 – 8)^2 + (8 – 8)^2 + (9 – 8)^2 + (9 – 8)^2)/5 = 4
   A 组样本大小：6
   B 组数据：4, 9, 7, 0
   B 组购买频次均值：(4 + 9 + 7 + 0)/4 = 20/4 = 5
   B 组购买频次方差：((4 – 5)^2 + (9 – 5)^2 + (7 – 5)^2 + (0 – 5)^2)/3 = 26
   B 组样本大小：4

2. 计算 t 统计量：

   t = (Mean_A – Mean_B) / sqrt((Var_A/n_A) + (Var_B/n_B))
   t = (8 – 5) / sqrt((4/6) + (26/4))
   t = 3 / sqrt(2/3 + 6.5)
   t ≈ 1.61

3. 计算自由度（df）：

   df = n_A + n_B – 2
   df = 6 + 4 – 2 = 8

查询 t 分布表，找到相应的 p 值。在这个例子中，我们可以在 t 分布表中查找自由度为 8、t 值为 1.61 的 p 值。得到的 p 值约为 0.15。

由于 p 值大于 0.05（通常使用的显著性水平），因此我们不能拒绝零假设，即 A 组和 B 组的购买频次没有显著差异。

上述结果中，检验步骤没什么问题，A 组和 B 组的方差公式也是正确的，但是计算出来的值是错误的。我直接指出了错误。

A 组和 B 组的方差计算得不对吧?

ChatGPT 收到错误提示后，返回如下结果。

对不起，我在计算方差时犯了错误。现在我将重新计算 A 组和 B 组的购买频次方差。

A 组数据：7, 7, 8, 8, 9, 9
A 组购买频次均值：8

计算 A 组购买频次方差：
((7 – 8)^2 + (7 – 8)^2 + (8 – 8)^2 + (8 – 8)^2 + (9 – 8)^2 + (9 – 8)^2)/5 = 6/5 = 1.2
A 组样本大小：6

B 组数据：4, 9, 7, 0
B 组购买频次均值：5

计算 B 组购买频次方差：
((4 – 5)^2 + (9 – 5)^2 + (7 – 5)^2 + (0 – 5)^2)/3 = 50/3 ≈ 16.67
B 组样本大小：4

现在我们已经得到了正确的方差，可以继续进行 t 检验了。

显然，它还是计算错了。我猜测它可能对一些特殊的运算符号不是很理解。我们可以继续指出错误，让其改正，这里就不赘述了。大家在使用 ChatGPT 的时候要多注意。

11.8.2 ChatGPT 告诉我

来看第二种实现方式。如下为传入 ChatGPT 的具体内容。

我想用 Excel 和 Python 实现上述检验过程，请分别给出对应的实现方式。

ChatGPT 收到上述内容后，返回如下结果。

Excel 实现：在 Excel 中，你可以使用 T.TEST 函数来执行 *t* 检验。首先将 A 组和 B 组的数据分别放入不同的列，然后使用以下公式：

T.TEST(A 组数据区域 , B 组数据区域 , 双尾 , 类型)

例如，如果 A 组数据在 A1\:A6，B 组数据在 B1\:B4，可以在另一个单元格中输入以下公式：

=T.TEST(A1:A6, B1:B4, 2, 2)

函数返回的值是 *p* 值。你可以对 *p* 值与显著性水平（例如 0.05）进行比较以判断是否拒绝零假设。

Python 实现：在 Python 中，你可以使用 SciPy 库的 `ttest_ind` 函数来执行 *t* 检验。首先安装 SciPy 库，然后按照以下步骤进行操作：

```
import numpy as np
from scipy.stats import ttest_ind

A = np.array([7, 7, 8, 8, 9, 9])
B = np.array([4, 9, 7, 0])

t_stat, p_value = ttest_ind(A, B, equal_var=False)

print("t-statistic:", t_stat)
print("p-value:", p_value)
```

函数返回的值是 *t* 统计量和 *p* 值。你可以对 *p* 值与显著性水平（例如 0.05）进行比较以判断是否拒绝零假设。注意，我们在 `ttest_ind` 函数中设置了 `equal_var` 参数为 `False`，因为我们不假设两组的方差相等。

以上结果中 Excel 实现和 Python 实现的方法都是正确的。

11.9 撰写实验报告与总结

有了前面的关键信息，一个实验基本就完成了。这时需要撰写实验报告与总结，这也可以让 ChatGPT 帮忙完成。如下为传入 ChatGPT 的具体内容。

基于上述实验结果，写一份完整的实验报告。

ChatGPT 收到上述内容后，返回如下结果。

实验报告

1. 背景与目标

本实验旨在测试为低频用户发放优惠券是否可以有效提高他们的购买频次。我们假设通过发放优惠券可以显著提高低频用户的购买频次。

2. 实验设计

实验对象为低频用户，我们将他们随机分为两组：对照组（A 组）和实验组（B 组）。实验组将收到优惠券，而对照组将保持现状。我们将对比两组在实验周期内的购买频次，以评估优惠券发放对购买频次的影响。

3. 实验数据

实验数据包括 10 位低频用户的购买频次，其中 A 组有 6 位用户，B 组有 4 位用户。

4. 数据分析

我们使用独立样本 t 检验来比较两组购买频次的差异。因为两组方差不相等，所以我们采用了 Welch's t 检验。

4.1 描述性统计
A 组（对照组）的购买频次均值为 8，标准差为 0.8。
B 组（实验组）的购买频次均值为 5，标准差为 3.6。

4.2 t 检验结果

t 统计量：2.69

p 值：0.03

5. 结论与建议

根据 t 检验结果，p 值（0.03）低于显著性水平（0.05），我们拒绝零假设，即认为发放优惠券对低频用户购买频次具有显著影响。实验组的购买频次均值较低，说明发放优惠券并没有提高低频用户的购买频次，反而可能导致购买频次降低。

基于这一结论，我们建议重新审视优惠券发放策略，并探讨其他可能的激励措施，以提高低频用户的购买频次。此外，我们可以进一步分析用户行为数据，了解低频用户的需求和偏好，以便更有针对性地提供激励措施。

上面的结果包含的信息还算全面，但是看起来比较单薄。这也可以理解，因为 ChatGPT 所掌握的信息有限。我们可以继续发送如下内容给 ChatGPT。

如果要将上述实验报告写得内容更完整、更丰富一些，需要提供什么信息？

ChatGPT 收到上述内容后，返回如下结果。

为了让实验报告内容更完整、更丰富，你可以提供以下信息。

1. 实验时间范围：请提供实验开始和结束的具体日期。
2. 实验对象的详细信息：请提供实验对象的数量、地区、年龄分布等详细信息。
3. 优惠券的具体信息：优惠券的类型（如满减、折扣等）、面值、使用条件、有效期等。
4. 实验过程中的观察和问题：在实验过程中，有没有遇到任何问题或者有哪些值得关注的发现？
5. 相关指标的趋势变化：请提供实验期间各组购买频次随时间的变化数据，以便分析优惠券发放对购买行为的即时影响。
6. 其他相关指标：除了购买频次以外，还可以关注其他可能受到影响的指标，如客单价、购买商品种类、活跃度等。

7. 用户反馈：实验期间收集到的用户反馈，以便了解用户对优惠券的态度和看法。
8. 实验前的预期与实际结果的对比：请提供实验前的预期结果，以便与实际结果进行对比分析。
9. 对实验结果的深入分析：探讨实验结果背后的原因，分析为什么实验组的购买频次没有增加，反而减少了。
10. 实验的局限性和改进方向：指出实验过程中可能存在的问题和不足，以及后续实验改进的方向。

提供这些信息后，我们可以进一步完善和丰富实验报告。

我们按照 ChatGPT 的提示，补充了如下信息。

以下为补充信息，同时需要增加性别维度和活跃等级维度的分析。

1. 实验时间范围：20230301~20230310。
2. 实验对象的详细信息：见明细数据。
3. 优惠券的具体信息：优惠券为满 100 减 10 元券，有效期为 7 天。
4. 相关指标的趋势变化：通过分日趋势发现实验组和对照组的人均购买频次差值随着实验的进行呈减小的趋势。
5. 实验前的预期与实际结果的对比：实验前预期结果为实验组相比对照组的人均购买频次增加 10%。

以下为详细的实验结果数据：

用户 ID, 性别 , 活跃等级 , 分组 , 购买频次
1, 女 , 高活 ,B,4
2, 男 , 高活 ,A,7
3, 男 , 低活 ,B,9
4, 女 , 高活 ,B,7
5, 男 , 高活 ,A,7
6, 女 , 低活 ,A,8
7, 男 , 高活 ,B,0

8, 女 , 高活 ,A,8
9, 女 , 低活 ,A,9
10, 男 , 低活 ,A,9

ChatGPT 收到上述内容后，返回如下结果。

根据你提供的补充信息，以下是完整的实验报告。

实验名称：低频用户优惠券激励实验

一、实验背景

为提高低频用户的购买频次，公司决定向这部分用户发放满 100 减 10 元优惠券。通过 A/B 实验验证优惠券发放策略对低频用户购买频次的影响。

二、实验时间范围：2023 年 3 月 1 日至 2023 年 3 月 10 日

三、实验对象：见附件的明细数据。

四、实验方法

- 将低频用户随机分为 A 组（对照组）和 B 组（实验组）。
- 向 B 组用户发放优惠券。
- 收集实验期间用户的购买频次数据。
- 使用独立样本 t 检验比较 A 组和 B 组的购买频次。
- 分析实验结果，并基于性别和活跃等级进行分析。

五、优惠券信息

类型：满 100 减 10 元券
有效期：7 天

六、实验结果

1. 总体分析：

   经过独立样本 t 检验，发现实验组和对照组的购买频次差异无统计学意义。

2. 性别维度分析：

在男性用户中，实验组的购买频次略高于对照组；而在女性用户中，实验组的购买频次略低于对照组。但在两个维度上，实验组和对照组之间的差异均无统计学意义。

3. 活跃等级维度分析：

在高活跃用户中，实验组的购买频次略高于对照组；而在低活跃用户中，实验组的购买频次略低于对照组。同样，这两个维度上的差异均无统计学意义。

4. 趋势变化分析：

通过分日趋势发现实验组和对照组的人均购买频次差值随着实验的进行呈减小的趋势。

七、实验前的预期与实际结果对比

实验前的预期结果为实验组相比对照组的人均购买频次增加 10%。在实际结果中，实验组和对照组的购买频次差异无统计学意义。

八、实验结论

根据实验结果，发放优惠券并未显著提高低频用户的购买频次。考虑到性别和活跃等级的差异，以及趋势变化分析，建议在未来的实验中尝试其他方法来刺激低频用户增加购买频次，如针对不同性别和不同活跃等级用户采取差异化的营销策略，以期在未来的实验中取得更显著的效果。

九、建议与优化方向

1. 考虑用户的性别和活跃等级差异，采用更有针对性的营销策略。例如，向女性用户提供针对女性消费者的优惠券，针对高活跃用户提供更大面值的优惠券。
2. 调整优惠券使用期限，尝试缩短或延长有效期，以测试不同有效期对用户购买行为的影响。
3. 除优惠券外，还可以尝试其他激励措施，如积分、免运费等，以期找到最能刺激低频用户购买行为的方法。

十、实验总结

本次实验的目的是验证发放优惠券对低频用户购买频次的影响。通过独立样本 t 检验，发现实验组和对照组的购买频次差异无统计学意义。在性别和活跃等级维度上，差异同样无统计学意义。实验前预期人均购买频次增加 10%，而实际实验结果未达到预期。因此，在未来的实验中，建议尝试其他方法来刺激低频用户增加购买频次，如针对不同性别和不同活跃等级用户采取差异化的营销策略。

补充后的报告内容看起来更丰富一些，但是也有一些数据错误，比如前文说发放优惠券促销效果显著，这里却说相比不发放无显著差异；而且内容结构比较松散，实验时间范围、实验对象、优惠券信息应该放入实验设计模块。为了产出一份完美的报告，我们需要不断地提示 ChatGPT 修改，目前其输出结果还达不到直接可用。

至此，我们了解了如何利用 ChatGPT 开展 A/B 实验。在一些计算方面，目前 ChatGPT 的表现稍差一些，因此我们要对计算结果进行检查，而在思路和理论方法方面可以参考它的回答。

第 12 章

ChatGPT 时代数据分析行业的展望

前面的章节主要介绍了在数据分析中如何利用 ChatGPT，可以看到，大多数时候 ChatGPT 的表现不错。现在处于 ChatGPT 类技术发展的早期，对数据分析师的影响还比较小。日后这类技术普及了，必然会对数据分析行业产生巨大的影响。接下来我们不妨展望一下，ChatGPT 时代的数据分析会是什么样的。

12.1 ChatGPT 对数据分析行业的影响

前面展示了 ChatGPT 在数据分析工作中各个方面的应用。我们不禁好奇，ChatGPT 对数据分析行业到底会产生什么样的影响？来看看 ChatGPT 的回答。发送如下内容给 ChatGPT。

ChatGPT 对数据分析行业的影响有哪些?

ChatGPT 收到上述内容后，返回如下结果。

ChatGPT 和类似的大型自然语言处理模型对数据分析行业产生了重大影响，以下是一些主要方面。

1. 自动化和高效性：借助像 ChatGPT 这样的智能工具，数据分析师能够更快速地处理和分析大量数据，从而提高工作效率。这种自动化有助于减轻重复性工作的负担，让分析师能够专注于更高级的策略性任务。
2. 深入的洞察力：ChatGPT 可以提供更深入的洞察，帮助数据分析师更好地理解数据集、发现模式和预测趋势。这可以帮助企业制定更明智的决策和战略。

3. 可视化报告：ChatGPT 能够生成易于理解的可视化报告，帮助数据分析师更清晰地展示分析结果。这使得向非技术人员解释复杂的数据分析变得更容易，从而提高跨部门的沟通效率。
4. 自然语言处理和情感分析：ChatGPT 具有强大的自然语言处理能力，可以帮助数据分析师更好地理解和挖掘文本数据，例如用户评论、社交媒体帖子等。这可以用于情感分析、意见挖掘等领域，为企业提供有关客户满意度和市场趋势的信息。
5. 教育和培训：通过 ChatGPT 等人工智能工具，初学者和专业人士可以更快地学习和掌握数据分析技能。这些工具可以提供实时指导和建议，使学习过程变得更加高效和个性化。
6. 业务智能和预测分析：通过整合多个数据源和利用 ChatGPT 的分析能力，企业可以更准确地预测未来趋势、优化业务流程和提高收入。

虽然 ChatGPT 等人工智能工具在数据分析领域能够发挥重要作用，但人类数据分析师依然非常重要。数据分析师需要深刻理解业务，以便在分析结果的基础上提供战略方面的建议。此外，数据分析师能够运用经验和直觉来衡量和解释模型可能无法捕捉到的复杂情况。因此，尽管 ChatGPT 对数据分析行业产生了重大影响，但人类的专业知识和判断仍然至关重要。

我们简单分析一下以上几点。

- 第 1 点“自动化和高效性”中的自动化目前 ChatGPT 还做不到，效率倒是可以提高不少。这并不是因为 ChatGPT 可以快速处理和分析大量数据，而是因为它可以提供一些分析思路和实现方式等。
- 第 2 点“深入的洞察力”目前 ChatGPT 尚不具备，主要是因为无法给它传入太多数据，而没有数据就无法产生洞察，我们只能通过输入一些样例数据让 ChatGPT 提供分析思路。
- 第 3 点“可视化报告”生成目前 ChatGPT 也无法实现，因为无法直接生成图表结果，只能给出一些可视化方面的建议。
- 第 4 点“自然语言处理和情感分析”与第 2 点类似，主要受限于目前无法传入大量数据，ChatGPT 也就无法对数据进行处理和挖掘。
- 第 5 点“教育和培训”是可行的，ChatGPT 可以提供一些学习建议和学习资料等。
- 第 6 点“业务智能和预测分析”也受限于无法直接向其提供大量数据。

由此可以看出，目前 ChatGPT 无法直接应用于具体的数据分析，主要原因是无法传入大量的数据。相信在不远的将来，这个问题能够得到解决，届时 ChatGPT 可做的事情就会增加很多。而在当前阶段，ChatGPT 只能针对少量数据进行分析，对于大规模的数据，只能根据样例数据给出大致的分析思路。

12.2 ChatGPT 时代数据分析师岗位职责的新要求

通过前面的内容，我们看到了目前 ChatGPT 在数据分析领域的能力与短板。在 ChatGPT 时代，数据分析师这一岗位有哪些新的要求？我们来看看 ChatGPT 的回答。发送如下内容给 ChatGPT。

在 ChatGPT 时代，对数据分析师岗位职责的新要求是什么？

ChatGPT 收到上述内容后，返回如下结果。

在 ChatGPT 时代，数据分析师的岗位职责将发生一定程度的变化。虽然他们仍然需要具备一定的技术知识，但新要求将更加强调以下几个方面。

1. 人工智能和机器学习知识：数据分析师需要了解 ChatGPT 等人工智能工具的原理、功能和局限性，以便更好地利用这些工具进行数据分析。
2. 跨领域协作与沟通：由于 ChatGPT 等工具可以将复杂的数据分析结果转化为易于理解的形式，因此数据分析师需要具备更强的跨部门沟通和协作能力，以便向非技术人员解释分析结果和推动数据驱动决策。
3. 问题解决和创新思维：随着工具的自动化和智能化，数据分析师需要关注更高级别的问题解决和创新思维。这包括识别业务问题、设计创新的数据分析方案以及运用数据驱动策略解决实际问题。
4. 数据伦理和隐私：在使用 ChatGPT 等人工智能工具时，数据分析师需要关注数据伦理和隐私问题。这包括确保数据的合规性、保护用户隐私以及遵守相关法规。
5. 深入的业务理解：数据分析师需要具备深厚的业务知识，以便从业务角度理解和解释分析结果，为企业提供战略方面的建议。

6. 结果驱动和执行力：在 ChatGPT 时代，数据分析师不仅需要提供洞察和分析，还需要关注如何将这些洞察转化为具体的业务行动。这要求数据分析师具备强大的执行力，确保数据分析成果能够带来实际价值。
7. 适应新技术：随着人工智能技术的不断发展，数据分析师需要保持对新技术的关注，并适时更新自己的技能和知识。

总之，在 ChatGPT 时代，数据分析师需要具备更强的沟通能力、创新能力、业务理解能力和执行力，以便更好地利用人工智能工具进行数据分析，为企业创造价值。同时，他们仍然需要关注技术发展，不断更新自己的知识和技能。

ChatGPT 给出的结果看起来比较靠谱。比如第 1 点，我们要理解 ChatGPT 的原理和局限性，这样才能更好地利用这个工具；再比如第 6 点，未来 ChatGPT 可以直接基于数据给出分析结果时，数据分析师需要能够基于分析结果推动业务发展，创造实际的价值。